U1000222

青少年能源教育知识读本

主　编：苑英科　王聚芹
副主编：饶一鸣　张　娇

Youth Energy Education

中国经济出版社
CHINA ECONOMIC PUBLISHING HOUSE
北　京

图书在版编目（CIP）数据

青少年能源教育知识读本／苑英科，王聚芹主编.
北京：中国经济出版社，2017.7
ISBN 978－7－5136－4660－4

Ⅰ.①青… Ⅱ.①苑…②王… Ⅲ.①能源—青少年读物 Ⅳ.①TK01－49

中国版本图书馆 CIP 数据核字（2017）第 064222 号

责任编辑　赵静宜
责任印制　巢新强
封面设计　久品轩

出版发行　中国经济出版社
印 刷 者　北京科信印刷有限公司
经 销 者　各地新华书店
开　　本　710mm×1000mm　1/16
印　　张　13.5
字　　数　194 千字
版　　次　2017 年 7 月第 1 版
印　　次　2017 年 7 月第 1 次
定　　价　49.00 元
广告经营许可证　京西工商广字第 8179 号

中国经济出版社 **网址** www.economyph.com **社址** 北京市西城区百万庄北街 3 号 **邮编** 100037

本版图书如存在印装质量问题，请与本社发行中心联系调换（联系电话：010－68330607）

版权所有　盗版必究（举报电话：010－68355416　010－68319282）

国家版权局反盗版举报中心（举报电话：12390）　　　服务热线：010－88386794

前　言

能源事关国民经济的发展命脉，与我们的生产、生活休戚相关，在社会可持续发展中起着举足轻重的作用。

地球上的能源境况却令人担忧：不可再生能源日益减少，甚至濒临枯竭，可再生能源利用技术难题重重。纵观当代世界，因能源而引发的冲突和战争不在少数。

随着能源问题日益凸显，对广大青少年进行能源教育势在必行。20世纪70年代的两次中东“石油危机”后，西方发达国家开始积极推行能源教育。

我国是世界能源大国，随着现代化的深入推进，中国已经成为世界上最大的能源消费国家。我党一直高度重视能源战略，十八大以来，以习近平同志为核心的党中央高瞻远瞩，深谋远虑，面对能源供需格局新变化、国际能源发展新趋势，提出了能源消费、供给、技术、体制“四大革命并行”的战略思想，为我国能源发展指明了方向。

目前，在我国基础知识教育中，能源知识教育散见于《小学自然科学》和中学《物理》《化学》《生物》等少数学科的教材中，尚未设置专门的能源教育科目，更未形成完整的教育体系。能源教育方式也只是通过媒体及标语向公众宣传能源问题的严重性和节约用能的重要性，很不系统，效果也很不理想，无助于能源知识教育的普及和深入推进。

本书主要从能源及能源与生活、我国能源状况与能源形势、我国的能源战略、能源革命、能源转换及其技术产物、日常节能技术、未来能源的发展方向等八个方面，对能源科学、能源的利用和展望进行了深入浅出的阐述。

本书取材新颖、内容丰富，对当代能源的现状、我国能源的安全及能源战略、新能源的发展趋势、日常节能作了比较完整的介绍，使广大青少年认清我国能源紧缺的严峻形势，形成科学的能源知识，掌握节能用能的基本方法，并转化为节能用能的行动，为生态文明建设做出贡献。

如果本书能为我国生态文明建设、为我国青少年能源素养的提升贡献绵薄之力，编写组将倍感欣慰。

本书编著组

目录
Contents

导 言

同学们：

你们知道什么是能源吗？

你们了解能源有哪些种类吗？

你们知道能源对我们的生活有什么样的影响吗？

你们知道历史上共经历了几次能源革命，每次能源革命对人类生产、生活的进步有哪些影响吗？

你们知道世界各国以及我国对能源的利用经历了怎样的过程吗？

……

这些都是本书将要为大家解决的问题，相信本书一定能为大家揭开能源的神秘面纱，加深大家对能源知识的理解和兴趣，使大家将来做一个懂得节能环保的有心人。

第一章　能源概述

同学们，什么是能源呢？世界上都有哪些能源？能源如何分类？能源与我们的生活有什么联系？这是本章我们要探讨的主要问题。

一、 什么是能源？

能源也称“能量资源”或“能源资源”，目前对能源的定义大概有20多种。

简单来说，能源就是自然界中一切能够为人类的生产生活提供能量的物质总称。

二、 世界上有哪些能源？

能源包括煤炭、原油、天然气、煤层气、水能、核能、风能、太阳能、地热能、生物质能等。

三、 能源如何进行分类？

世界上的能源种类很多，按照不同的标准，可将能源分为不同的类型。

表 1-1 能源的分类

依据	分类	类别	代表
能源来源	太阳能	来自地球外部天体的能源	太阳辐射能
	地热能	地球内部热能产生的能量	温泉、火山爆发喷出的岩浆等
	潮汐能	地球和其他天体相互作用而产生的能量	潮汐能
能源产生	一次能源	自然界现成存在的能源	太阳能、水能、风能、生物质、地热能、海洋能、核能、煤炭、石油、天然气等
	二次能源	由一次能源加工转换而成的能源产品	电力、煤气、汽油、柴油、沼气等
能源性质	燃料型能源	直接用于燃烧而获得能量	煤炭、石油、天然气等
	非燃料型能源	不能通过燃烧获得能量	水能、风能、地热能、海洋能等
污染环境	污染型能源	能源消耗后会造成环境污染	煤炭、石油、天然气等
	清洁型能源	能源消耗后不会造成环境污染	水力、电力、太阳能、风能以及核能等
使用类型	常规能源	利用技术上成熟，使用比较普遍的能源	水能、煤炭、石油、天然气等
	新兴能源	新近利用或正在着手开发的能源	太阳能、风能、地热能、海洋能、生物质能、氢能、核能等
形态特征	固态能源	以固态形式存在的能源	煤炭等
	液态能源	以液态形式存在的能源	石油、汽油、煤油灯
	气态能源	以气态形式存在的能源	天然气
市场销售	商品能源	凡进入能源市场作为商品销售的能源	煤、石油、天然气、电等
	非商品能源	不能进入能源市场作为商品销售的能源	薪柴和农作物残余（秸秆等）
再生性	再生能源	可以不断得到补充或能在较短周期内再产生的能源	太阳能、风能、地热能、海洋能、生物质能等
	非再生能源	不能得到补充或需要较长时间才能再产生的能源	煤炭、石油、天然气等

目前人类主要使用的能源有煤炭、石油、天然气、水能、太阳能、生物质能、海洋能、风能、氢能、地热能、核能等。

四、能源与我们的生活有什么联系？

能源与我们每个人的生活息息相关，能源在生活中可谓无处不在，离开能源，我们的生活将会受到极大影响。

停电了！

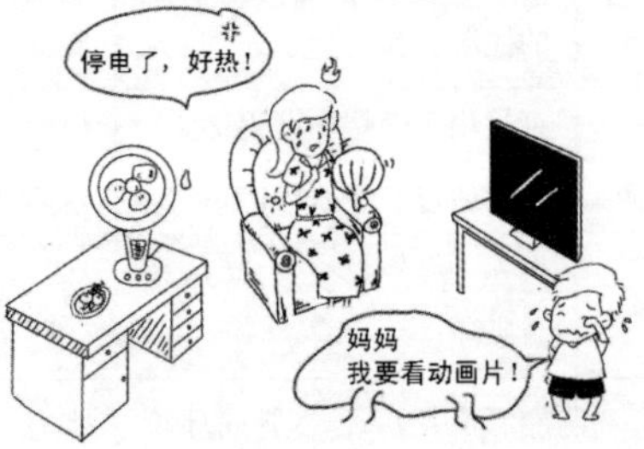

停电时，我们就无法使用家用电器，不能做饭、照明，甚至连烧水都成问题。

如果没有能源，交通信号灯将停止工作，交通会陷入一片混沌。

如果没有了汽油或天然气，汽车就没办法启动。

可见，能源对我们的生活是多么重要，生活中无时无刻不需要能源。

知识小链接

我国古人用火趣谈

中国最早的用火遗迹。

距今170万年以前的云南元谋人遗址以及约同期的山西芮城西侯度遗址中，发现了人类最早的用火遗迹。

50万年前“北京人”会用火。

在距今50万年前的北京周口店“北京人”居住的岩洞里，上、中、下部都找到了“灰烬层”。在“灰烬层”中，草木灰中夹杂着木炭、石头和兽骨，灰烬按一定部位成堆分布，这说明北京人已有意识地用火。“钻燧取火”是人类学会的最早的能源使用方法，一般认为人工钻燧取火大约出现在旧石器时代的晚期。

远古时代利用能源的方式单一，太阳能是远古人类唯一可用的能源。

畜力、风力、水力等自然动力的利用是人类利用能源的第二次飞跃。

化石燃料的开发及热能的利用是人类利用能源的第三次飞跃。

电的发现及开发是人类利用能源的第四次飞跃。

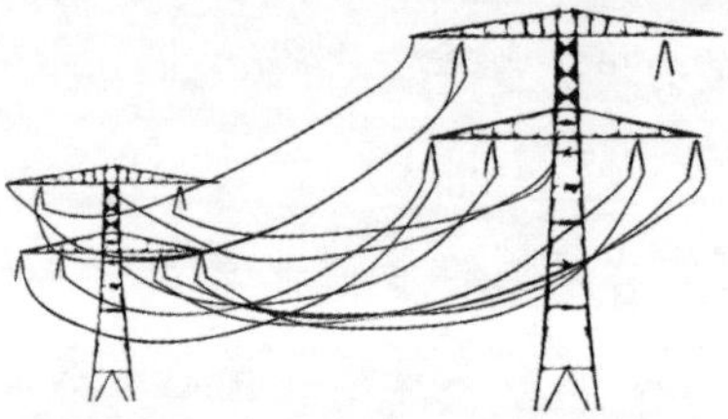

原子核能的发现及开发是人类利用能源的第五次飞跃。

人类利用能源的历史也是人类认识自然、改造自然进一步深化的历史，随着能源利用范围的扩大，人类的生产生活处境得到进一步改善。

同学们，现在是不是对能源的重要性有所了解呢？下面我们来一起认识生活中各式各样的能源吧！

第二章　主要能源

世界上主要的污染型能源有哪些？清洁型能源有哪些？各种能源主要分布在哪里？各种能源的世界资源大数据是什么？这是本章我们要探讨的主要内容。

为方便同学们系统地了解能源相关知识，本书按第四种分类标准，即将能源分为污染型能源和清洁型能源，来为同学们介绍能源的相关知识。

一、主要的污染型能源有哪些？

（一）煤炭

1. 什么是煤炭？

煤炭，是亿万年以前的植物因地壳变动深埋地下，经过复杂的生物化学和物理化学作用转化而成的黑色或褐色的，具有一定发热量的固体可燃矿物。是18世纪以来人类使用的主要能源之一，现今依然对人类的生产生活发挥着重要作用。

根据煤炭使用的目的，其主要分为动力煤、炼焦煤、化工用煤三类。

2. 世界上的煤炭主要分布在哪里？

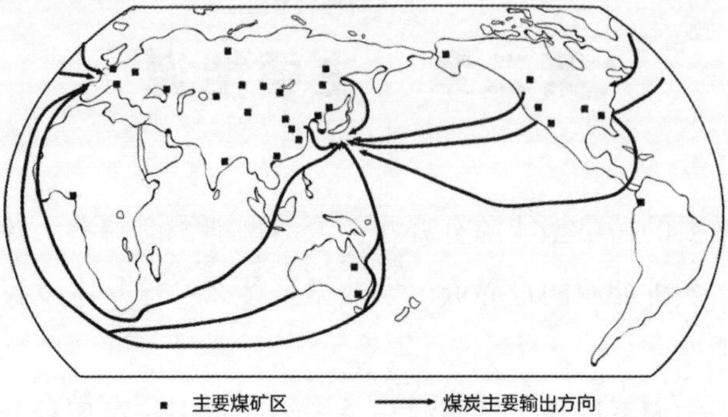

图 2－1　世界煤炭资源分布

从上图可以看出，世界煤炭资源地区分布很广泛，在北半球 30°～70°，亚洲和欧洲这一中温带和亚寒带地区，从我国的华北向西，经新疆，横贯中亚和欧洲大陆，直到英国，这是世界上最主要的聚煤带，占世界煤炭资源储量的 70% 以上。另一个煤带分布在北美洲的美国和加拿大。南半球煤带主要分布在澳大利亚和南非境内。

煤炭不仅在陆地上分布广泛，而且海底也存在大量的煤矿，如今，有些国家的海底煤矿开采已经实现了机械化和规模化，海底煤炭已经成为当今人类重要的能源来源之一。

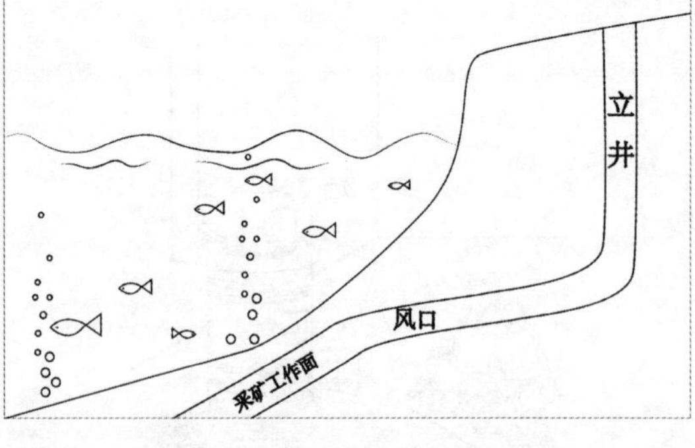

图 2－2　海底煤矿巷道示意图

3. 世界煤炭可采储量有多少？

世界煤炭资源可采储量9842.11亿吨，主要集中在美国、俄罗斯、中国、澳大利亚、印度、德国、南非、乌克兰、哈萨克斯坦、波兰、巴西等国。

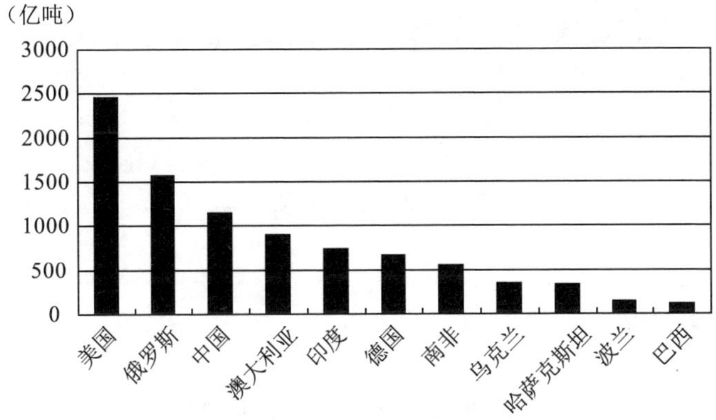

图 2－3　世界煤炭资源可采储量

从上图可以看出，我国是世界上煤炭资源最丰富的国家之一。

4. 世界煤炭资源大数据

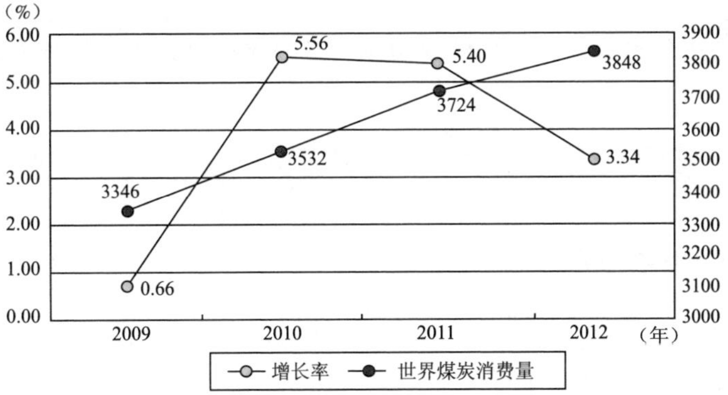

图 2－4　2009—2012 年世界煤炭消费量及增长率

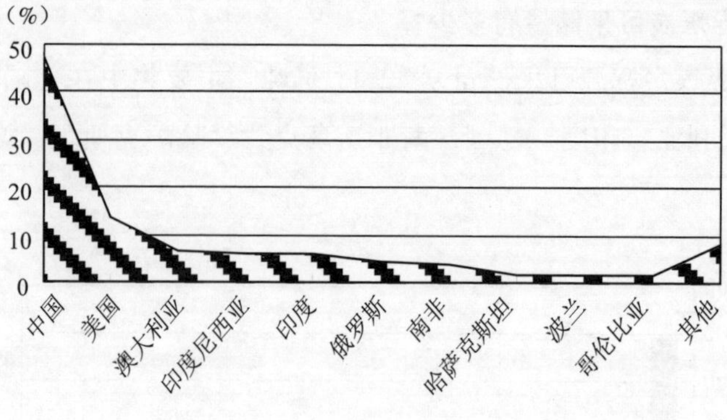

图 2-5　2012 年世界煤炭产量

知识小链接

人类历史上三次大的成煤期

古生代的石炭纪和二叠纪，成煤植物主要是孢子植物，主要煤种为烟煤和无烟煤。

中生代的侏罗纪和白垩纪，成煤植物主要是裸子植物，主要煤种为褐煤和烟煤。

新生代的第三纪，成煤植物主要是被子植物，主要煤种为褐煤、泥炭、烟煤。

（二）石油

1. 什么是石油？

石油，是地质时期的低等生物沉积在湖泊或海洋中变成有机质，经过复杂的地质作用富集起来的一种天然油状可燃液体矿物，一般为棕黑、深褐或黑色，有特殊臭味。

2. 世界上石油主要分布在哪里?

图 2－6　世界石油资源分布简图

同学们，从上图中，你们发现世界石油分布有何特点呢?

◎ 从东、西两个半球来看，约 3/4 的石油集中于东半球；从南、北来看，石油主要集中于北半球；从纬度分布看，主要集中在北纬 20°～40°和 50°～70°两个纬度带内。

◎ 中东（主要为波斯湾沿岸国家）、拉美（委内瑞拉、墨西哥）、非洲（利比亚、尼日利亚、阿尔及利亚、埃及）、俄罗斯、亚洲（中国、印度尼西亚）、北美（美国和加拿大）和西欧（北海地区的挪威、英国）是世界主要储油地区。

◎ 中东海湾地区原油资源非常丰富，中东地区被誉为“世界油库”，世界约 80% 可以开采的石油位于中东。在中东地区，还有更集中的石油带：中东地区 62.5% 的石油产自沙特阿拉伯、阿拉伯联合酋长国、伊拉克、卡塔尔和科威特等国家和地区。世界的石油分布很不均衡。

3. 世界石油产区和输出情况怎样?

石油广泛存在于地球的海里和陆地上。

◎ 以波斯湾为中心的西亚石油带是世界上最重要的石油产区，已探明的石油储量占全世界总储量的 50% 以上，年产量占全世界总产量的 1/3，素有“石油宝库”之称。西亚石油带生产的石油90%以上供输出，石油输出量约占世界石油总输出量的60%，西亚波斯湾沿岸石油出口地区的石油主要输往西欧、北美及日本等地。

◎ 俄罗斯的乌拉尔山蕴藏着丰富的石油资源，西西伯利亚、第二巴库都是闻名世界的大型油田区。俄罗斯石油主要供应东欧一些国家。

◎ 墨西哥湾沿岸、加利福尼亚湾沿岸、加勒比海地区油田区中，以得克萨斯和俄克拉荷马最为著名。墨西哥湾和加勒比海沿岸国家的石油主要供应西半球。

◎ 地中海沿岸和西部非洲的几内亚湾附近，尼日利亚石油产量占非洲第一位。

◎ 印度尼西亚的苏门答腊岛东部、加里曼丹岛的北部及缅甸的中南部，石油储量较大。东南亚石油主要输往日本、菲律宾等地。

◎ 西欧的北海等海域油田如图2－7所示。

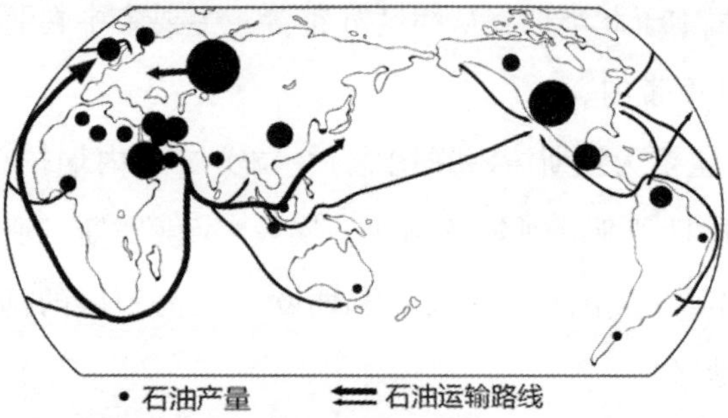

图2－7 世界石油的主要产区和输出

4. 世界石油主要消费区分布在哪里?

据BP《2014年世界能源统计》显示，2013年世界石油产量和石油消费量保持增长，2013年世界石油产量为8681万桶/日，比2012年增加了56万桶/日。

◎ 全球石油消费量

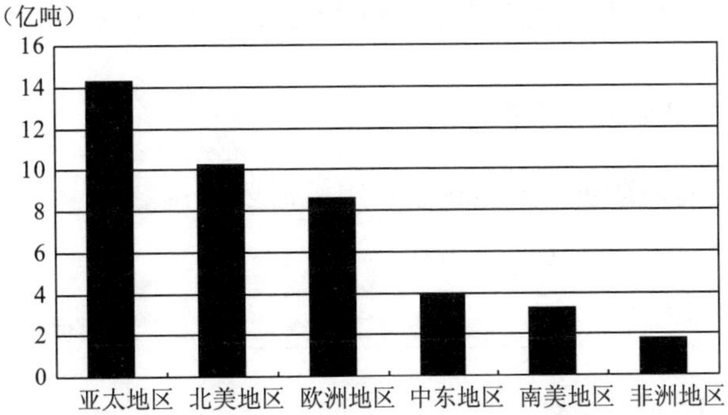

图 2－8　2014 年全球石油消费量分地区示意图

由于亚太地区有着中国、印度、日本等世界人口大国，亚太地区人口相当于北美地区的 2 倍左右，经济增长迅速，石油消费量大。

世界主要石油消费国家

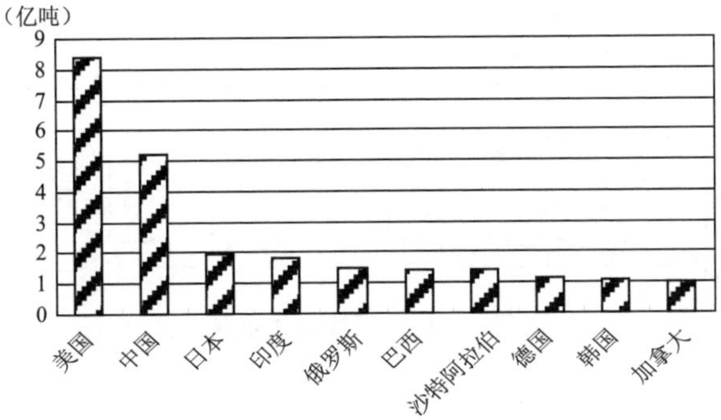

图 2－9　2014 年全球石油主要消费国家

世界石油主要输往美国、日本和西欧。从图中可以看出，我国的石油消费位列世界第二，对石油的消费依存度非常大。并且，我国石油进口总量巨大。

5. 石油的相关产品有哪些？

石油和石油产品怎么来的？

直接从油田中开采出来未加工的石油为原油，它是一种由各种烃类组成的黑褐色或暗绿色黏稠液态或半固态的可燃物质。

原油是如何加工提炼的?

原油含有很多杂质，不能直接利用，需要经过蒸馏、裂化、精制等过程进一步提炼，才能被我们使用。

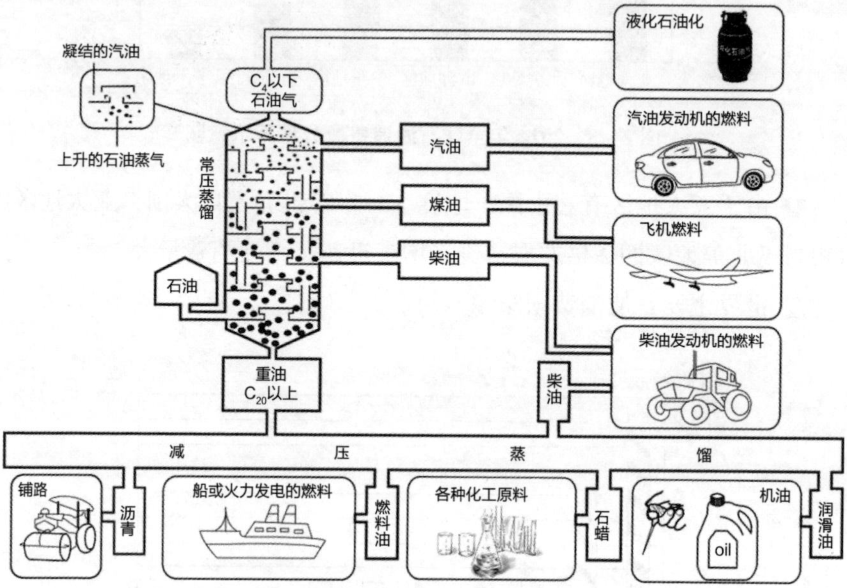

图 2-10 原油加工提炼

石油产品都有哪些?

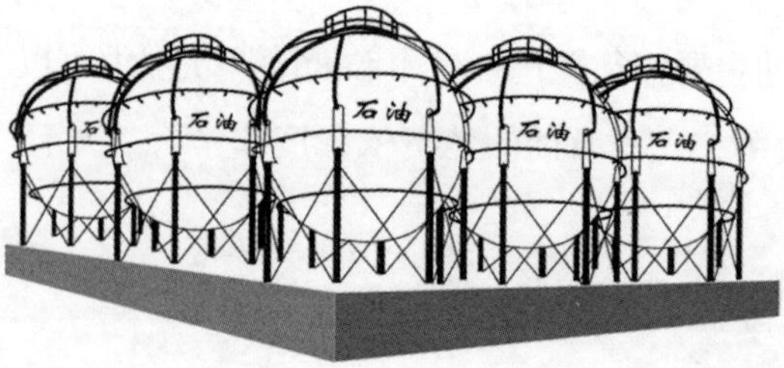

原油提炼加工后的物质可以分为三大类：液态的包括汽油、煤油、柴油等石油燃料，润滑油，润滑剂，溶剂等物质；气态的包括石油气等物

质；固态的包括沥青、石蜡、石油焦、化工原料等物质。

汽油

汽油外观为透明液体，易挥发，易燃。

汽油具有较好的安定性，不易氧化变质，不具腐蚀性。

有些厂家为了节省成本，采用“汽油浸出法”工艺生产食用油。

煤油

煤油是各种喷灯、汽灯、汽化炉和煤油炉的燃料，煤油可以作为机械零部件的洗涤用剂，煤油还可以用作橡胶和制药工业的溶剂等。

柴油

柴油广泛用于大型车辆、船舰、发电机等。

◎ 锅炉燃料

分为炉用燃料油和船用燃料油，可以用于电厂发电及作为船舶锅炉、加热炉、冶金炉的燃料。

◎ 润滑剂和有关产品

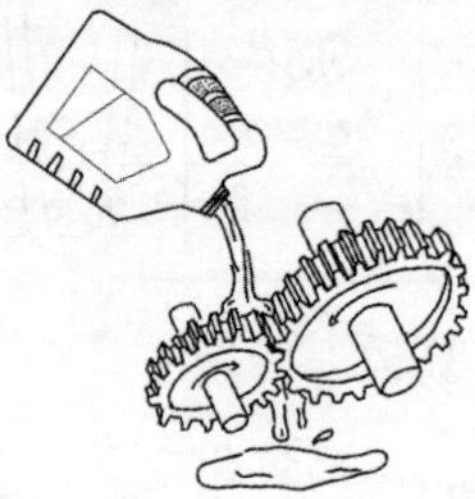

润滑剂可用于发动机的润滑、冷却、密封、防腐、绝缘、清洗，从石油制得的润滑油占总润滑剂产量的绝大多数。

◎ 石油溶剂及相关产品

石油溶剂主要用于香精、油脂、试剂、橡胶加工、涂料工业等做溶剂，或清洗仪器、仪表、机械零件，是有机合成工业的重要基本原料和中间体。

◎ 液化石油气

石油在提炼加工过程中剩下的尾气，通过加压等程序，可以变为液态，回收利用。

液化石油气作燃料，是一种新型燃料。

液化石油气可以合成塑料、合成橡胶、合成纤维，可以生产医药、炸药、染料等产品，是一种化工基本原料。

液化石油气可以用于切割金属等。

◎ 沥青

沥青是从生产燃料和润滑油进一步加工得来的，主要用于修建道路等。

◎ 石油焦

石油焦的主要构成元素为碳，广泛用于冶金、化工等工业部门，作为电极或生产化工产品的原料。

◎ 蜡及其制品

包括石蜡、地蜡、石油脂等，主要用于制造高级脂肪酸、高级醇、火柴、蜡烛、防水剂、软膏、电绝缘材料等。

由此可见，石油产品与我们的生活密切相关，甚至构成了我们生产生活中的大部分内容。

知识小链接

石油趣谈

◎ 世界上最早的油井是2500多年前开始采油的古波斯首都苏萨附近的阿尔利卡地区的油井。

◎ 世界上石油储量最多的国家是沙特阿拉伯。

◎ 世界上最大的油田是沙特阿拉伯的盖瓦尔油田（Ghewar Oil Field）。

◎ 世界上最深的油井是俄罗斯科拉半岛上的（CY－3）科拉3井，井深12260米。

◎ 世界上最早进行工业开采的油田是始于1857年的罗马尼亚普洛耶什蒂油区的油田。

◎ 世界上最长的输油管道是美国州际输油管公司连接加拿大伯塔省埃德蒙顿至美国纽约州布法罗之间的输油管，全长2856公里。

二、主要的清洁型能源有哪些？

（一）天然气

1. 什么是天然气？

◎ 天然气是存在于地下岩石储集层中以烃为主体的混合气体的统称。其中，甲烷占绝大多数，还有少量的乙烷、丙烷和丁烷，一般还有硫化氢、二氧化碳、氮、水气和少量一氧化碳及微量的氦和氩

等稀有气体。

◎ 天然气分为压缩天然气（CNG）和液化天然气（LNG）两种。

2. 世界上天然气主要分布在哪里？

◎ 世界天然气的总体分布

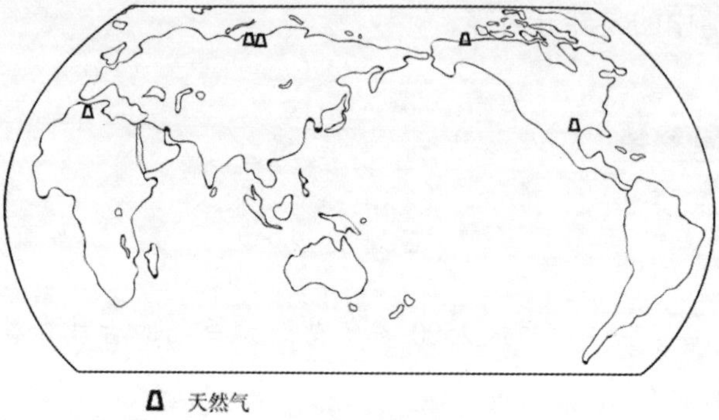

图 2－11　世界天然气资源分布图

世界上天然气资源最为丰富的地区为俄罗斯的远东地区，其次是波斯湾地区，拉美地区的天然气储量也相当可观。

全球已探明的天然气总储量为 179.53 万亿立方米。

◎ 世界天然气的洲际分布

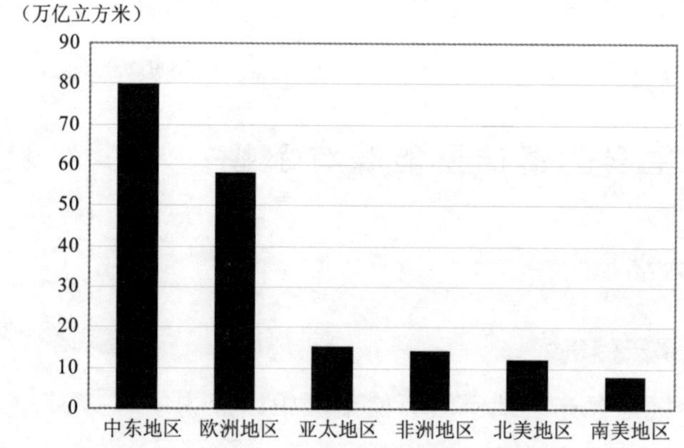

图 2－12　2014 年全球天然气探明储量

从洲际分布来看，主要分布在欧亚大陆、中南美洲等地区。

天然气的主要国家分布

据 BP《世界能源统计年鉴 2015》显示，2014 年末世界天然气已探明储量主要分布在伊朗、俄罗斯、卡塔尔、土库曼斯坦等国家。

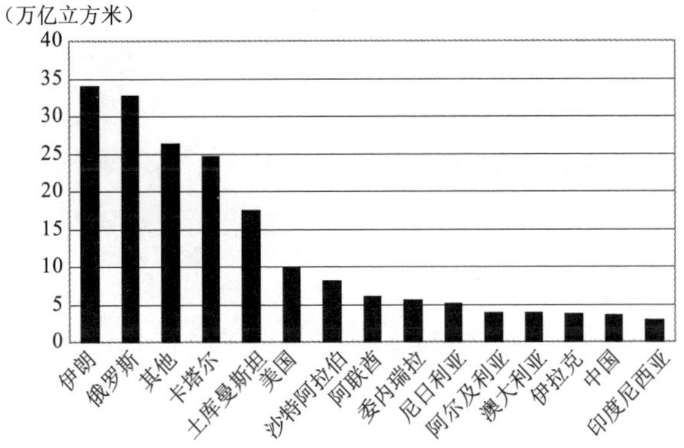

图 2－13　2014 年末天然气已探明储量国家分布图

由此可以看出，世界天然气资源的分布不均衡。

3. 世界上天然气可采量有多少？

据 BP《2013 年世界能源统计》，截至 2012 年底，世界天然气可采储量为 187.3 万亿立方米，中东和欧亚大陆最多，约占总储量的 74%。

4. 世界天然气消费增量最大的国家是哪些？

据 BP《2014 年世界能源统计》显示，2013 年世界天然气消费量为 3.35 万亿立方米，比上年增长 1.4%。其中，中、美两国为当年世界天然气消费增量最大的两个国家。

随着中国经济的快速发展，能源需求急剧增长，不久的将来，中国天然气能源消耗会占据全球需求增量的 1/4，这将使中国成为排在美国和俄罗斯之后的全球第三大天然气消费国。

知识小链接

可燃冰

◎ 可燃冰又被称作“固体瓦斯”或“气冰”，它是由水和天然气在中高压和低温条件下混合时组成的类冰的结晶化合物，是一种深埋于海底的能源。全球天然气水合物的储量是现有天然气、石油储量的两倍，人类要开采埋藏于深海的可燃冰，尚面临着许多技术和环境问题。

◎ 我国青藏高原发现至少350亿吨油当量的可燃冰，这是中国首次在陆上发现可燃冰，中国成为继加拿大、美国之后的第三个陆上钻探发现可燃冰的国家。

知识小链接

天然气趣谈

◎ 世界上分布面积最大的气田是1918年发现的美国潘汉德－胡果顿气田。

◎ 世界上最早进行工业开采的气田是16世纪末开采的中国四川自流井气田。

◎ 世界上油气田最多的国家是美国。

◎ 世界上最早开始海上石油钻探和开采的国家是美国。

◎ 世界上最大最长的输气管道是苏联1966年建成的乌连戈伊－波马雷－乌日戈罗德输气干线（全长4450公里，管径420毫米）。

（二）水能

1. 什么是水能？

◎ 水能是以位能、压能和动能等形式存在于水体中的能量资源，又称“水力资源”。

◎ 广义的水能资源包括河流水能、潮汐水能、波浪能和海洋热能资源。

◎ 狭义的水能资源指河流水能资源。

◎ 水能资源包含着水热能资源、水力能资源、水电能资源、海水能资源等广泛的内容。当前水力发电几乎为水能利用的唯一方式，水能是可再生洁净能源。

2. 世界上的水能主要分布在哪里？

◎ 世界上水能储量很大，但主要在落差大、流量大的地区，分布很不均衡。

◎ 亚马逊河、长江三峡、雅鲁藏布江等蕴藏着丰富的水能。

3. 水能储量有多少？

◎ 据有关最新资料统计，目前世界上已估算出的水电资源的理论蕴藏为 40000 ~ 50000 TWh /年（$1TWh = 1000GWh = 10^6 MWh = 10^9 kWh$），其中 13000 ~ 14000 TWh /年的储量在技术上具有开发的可行性。

全世界江河的理论水能资源为 48.2 万亿度/年，技术上可开发的水能资源为 19.3 万亿度。

据统计，中国河流水能资源蕴藏量 6.76 亿 kW，年发电量 59200 亿 kWh；可能开发水能资源的装机容量 3.78 亿 kW，年发电量 19200 亿 kWh。不论是水能资源蕴藏量，还是可能开发的水能资源，中国在世界各国中均居第一位。①

知识小链接

三峡水电站：世界上最大的水电站

◎ 三峡水利枢纽工程又称“三峡工程”，是由长江西陵峡段与葛洲坝

① 我国各项水力资源均居世界第一位。

水电站构成的梯级电站，1994 年正式动工，2006 年全面竣工，三峡水电站总装机容量 2250 万千瓦，是世界上规模最大的水电站和清洁能源生产基地，也是中国有史以来建设的最大型的工程项目。

我国建设的三峡水利枢纽工程代表着世界水电技术的最高水平，中国巨型水电站建设技术世界领先。

知识小链接

美国胡佛水坝

◎ 胡佛水坝（Hoover Dam）位于美国内华达州和亚利桑那州交界处的黑峡（Black Canyon），是美国综合开发科罗拉多河（Colorado）水资源的一项关键性工程，1931 年 4 月开始动工兴建，1936 年 3 月建成，1936 年 10 月第一台机组正式发电。

（三）太阳能

1. 什么是太阳能？

◎ 太阳能，是太阳所发出的光和热的辐射能。太阳能是地球上主要能源的根本来源。

人类所需能量的绝大部分都直接或间接地来自太阳能。煤炭、石油、天然气等化石燃料是各种植物的光合作用把太阳能转变成化学能在植物体内贮存下来后，埋在地下，经过漫长的地质年代形成的。水能、风能、波浪能、海流能等都是由太阳能转换来的。太阳能是地球上光和热的源泉，是干净的可再生能源。

2. 太阳辐射有多少？

◎ 太阳向宇宙空间发射的辐射非常强，虽然从太阳发出的总能量仅有约 22 亿分之一到达地球，但是每秒钟太阳照射到地球上的能量就相当于燃烧 500 万吨煤释放的热量。

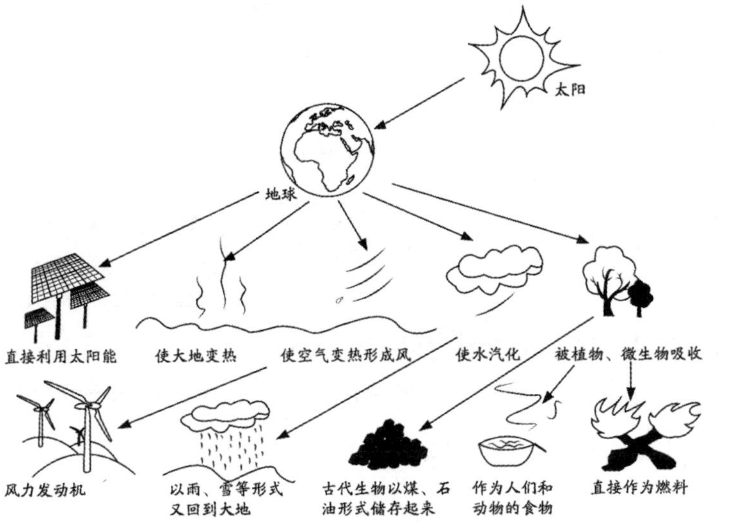

图 2－14　太阳辐射

3. 太阳辐射最强的区域是哪里？

全世界太阳能辐射强度和日照时间最佳的区域包括北非、中东地区、美国西南部和墨西哥、南欧、澳大利亚、南非、南美洲东、西海岸和中国西部地区等靠近赤道的地区。

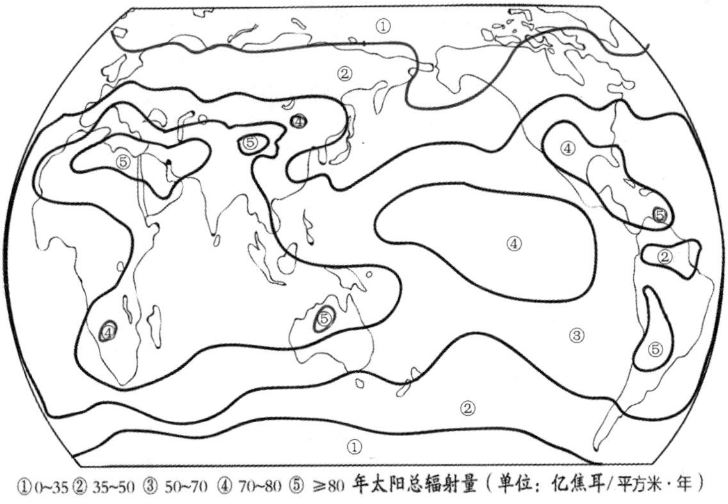

图 2－15　世界年太阳总辐射量简图

太阳辐射量总体呈现出由赤道向两极递减的趋势。

4. 人类怎样开发和利用太阳能？

人类利用太阳能已有几千年的历史，1954年美国贝尔实验室研制出世界上第一块太阳电池，从此揭开了太阳能开发利用的新篇章。

美国科学家　贝尔

太阳能发电就是指将太阳能转化为电能，太阳能发电分为太阳光发电（或“太阳能光发电”）和太阳热发电（或“太阳能热发电”）两大类型。

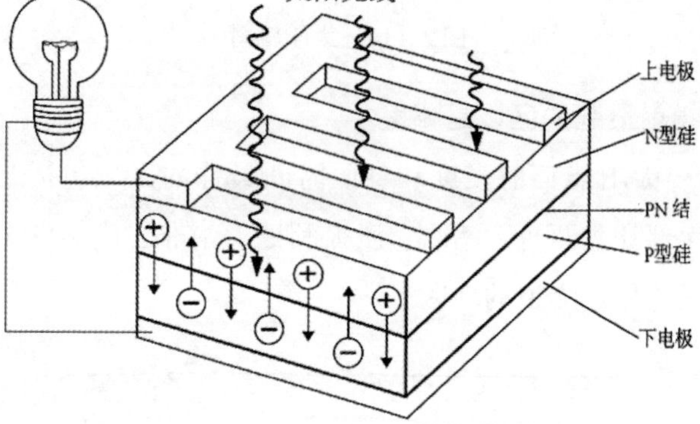

图2－16　太阳电池结构原理

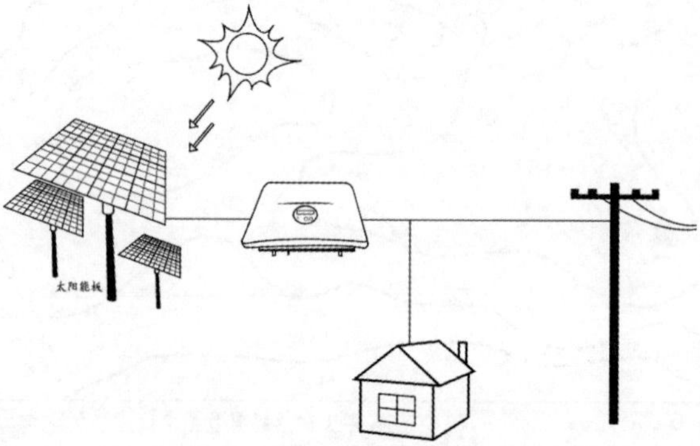

图2－17　太阳能光发电简图

太阳能开发利用的技术迅猛发展，经过努力，太阳能成为人类生活中家用电器和工厂生产所需要的能源，太阳能产业成为能源工业的一支生力军。

（四）生物质能

1. 什么是生物质能？

生物质能，即“生物能”，是绿色植物通过光合作用将太阳能转化为化学能而贮存在木柴、谷草等，以及转化后储存在动物组织、人畜粪便等生物质内部的能量，它是贮存的太阳能，是唯一可再生的碳源。煤炭、石油、天然气等传统能源都是生物质在地质作用下的相应转化形式。

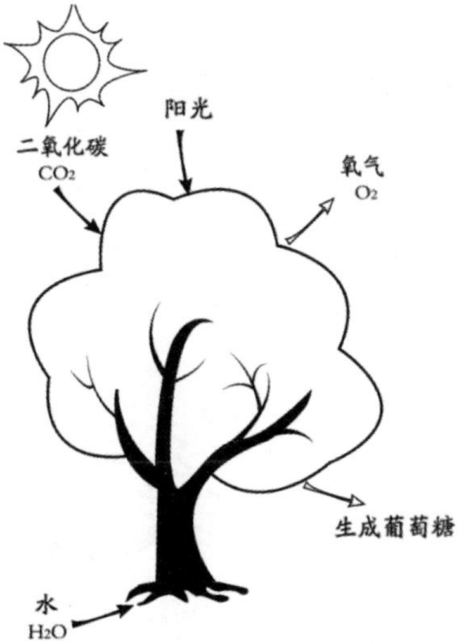

图 2－18　光合作用

2. 生物质能储量有多少？

地球上每年植物光合作用固定的碳达约 2×10^{11} 吨，含能量达 3×10^{21} 焦耳，储存于植物的枝、茎、叶中。生物质能蕴藏量巨大，相当于全世界每年所耗能量的 10 倍之多，生物质能是仅次于煤炭、石油和天然气而居于世界能源消费总量第四位的能源。

生物质能是世界上最为广泛的可再生能源，具有可再生、低污染、分布广泛的特点。

3. 怎样开发与利用生物质能？

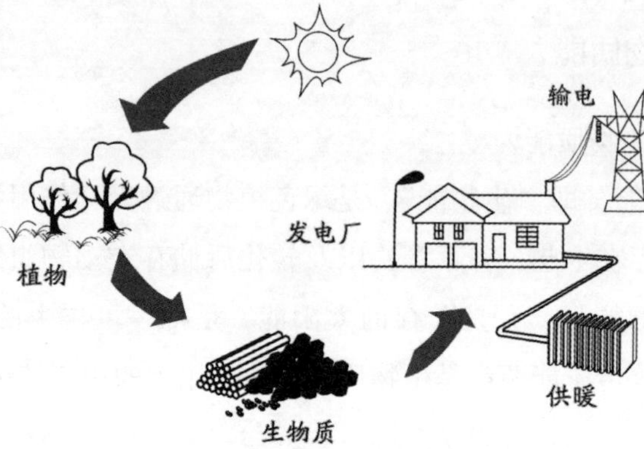

图 2－19　生物质能利用

◎ 生物质能转化成常规的固态燃料：快速成长作物，如树木可以直接用作薪柴燃料。

◎ 生物质能转化成常规的液态燃料：糖与淀粉类作物经加工可以制造乙醇、木制石油。

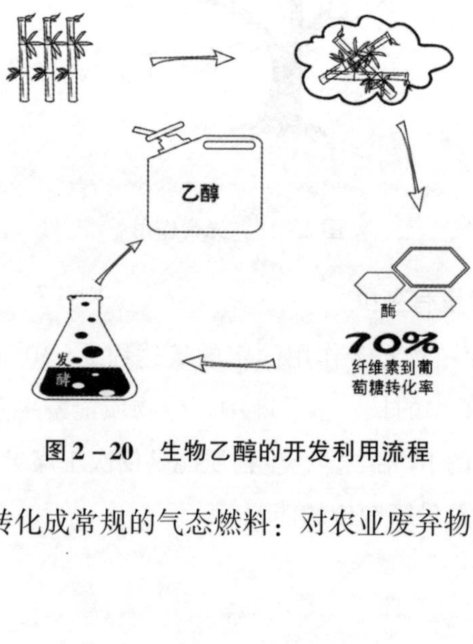

图 2－20　生物乙醇的开发利用流程

◎ 生物质能转化成常规的气态燃料：对农业废弃物、粪便、污水或城市固体废物等进行厌氧消化，可以生产沼气，还可以发电。

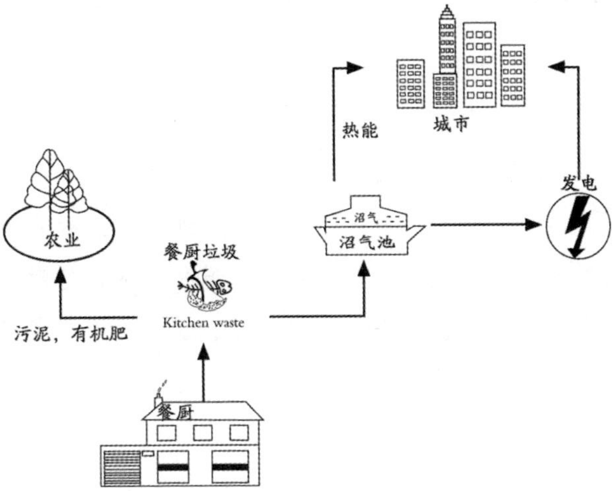

图 2－21 沼气利用

4. 哪些国家开发与利用生物质能的比重大？

- 日本的“阳光计划”中生物质能的开发利用占有相当的比重。
- 美国、瑞典和奥地利将生物质转化为高品位能源利用已有很大规模。
- 中国也逐步迈上了发展生物质能源的轨道。

知识小链接

植物的光合作用

植物的“光合作用”是绿色植物利用自身细胞，在可见光的照射下，将二氧化碳（CO_2）和水（H_2O）转化为储存着能量的有机物，并释放出氧气（O_2）的过程。

氧气是人类赖以生存的、不可或缺的重要元素之一，没有植物的光合作用，人类就不能呼吸，也就不会有人类的存在。

知识小链接

地沟油

◎ 地沟油泛指在生活中存在的各类劣质油，如回收的食用油、反复使用的炸油等。地沟油可分为三类：一是狭义的地沟油，即将下水道中的油腻漂浮物或者将宾馆、酒楼的剩饭、剩菜（通称泔水）经过简单加工、提炼出的油；二是劣质猪肉、猪内脏、猪皮加工以及提炼后产出的油；三是用于油炸食品的油使用次数超过一定次数后，再被重复使用或往其中添加一些新油后重新使用的油。

地沟油质量极差、极不卫生，会破坏人们的白血球和消化道黏膜，引起食物中毒，长期食用可能会引发癌症，对人体的危害极大。

2011 年 9 月 13 日，中国警方全环节破获特大利用“地沟油”制售案。2011 年 12 月卫生部向社会公开征集“地沟油”检测方法，并于 2012 年 5 月初步确定了 4 个仪器法和 3 个可现场使用的快速检测法。

◎ 地沟油生产技术就是将地沟油转化为生活中需要的能源燃料和有机产品，从而实现地沟油变废为宝。

◎ 地沟油可以转化为选矿药剂。

◎ 地沟油可以转化为生物柴油的原料。

◎ 地沟油可以转化为燃料乙醇和沼气。

◎ 地沟油废渣可以转化为肥料。

◎ 地沟油可以转化为航空油。

◎ 地沟油可以转化为钻井液用生物油润滑剂。

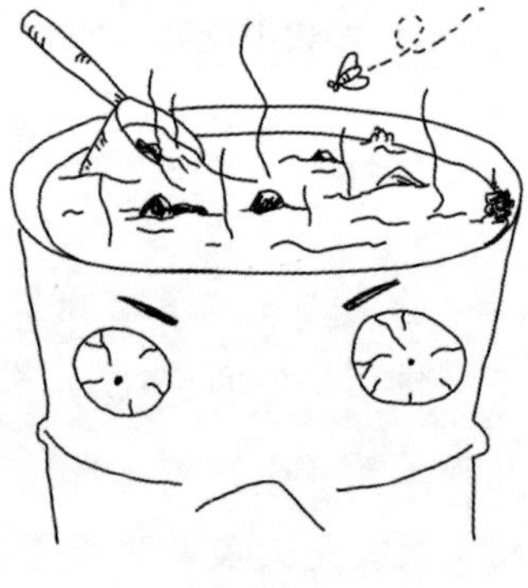

地沟油

◎ 国务院办公厅于 2010 年 7 月发布文件，决定组织开展地沟油等城市餐厨废弃物资源化利用和无害化处理试点工作。

（五）海洋能

1. 什么是海洋能？

海洋能是海洋通过以潮汐、波浪、温度差、盐度梯度、海流等各种物理过程依附于海水接收、储存和散发能量，是依附在海水中的可再生能源。

海洋能主要包括潮汐能、潮流能、波浪能、海水温差能和海水盐差能等多种形式。

潮汐能是海水周期性涨落运动中所具有的能量。

潮流能是潮水在水平运动时所含有的动能，又称海流能。

波浪能是在风的作用下产生的以位能和动能形式、由短周期波储存的机械能。

海水温差能是由低纬度较高水温的海面海水与深层冷水之间产生温差而储存的温差热能。

海水盐差能是由入海泾流的淡水与海洋盐水间的盐度差而产生的化学能。

潮汐能与潮流能来源于月球与太阳间的引力，其他海洋能均或直接或间接来源于太阳辐射，是人们可以利用的一种能源。

2. 海洋能储量有多少？

全球海洋能的可再生量很大。根据联合国教科文组织 1981 年出版物的估计，温差能、盐差能、潮汐能、波浪能、海流能等五种海洋能理论上可再生的总量为 766 亿千瓦。其中，温差能为 400 亿千瓦，盐差能为 300 亿千瓦，潮汐能和波浪能各为 30 亿千瓦，海流能为 6 亿千瓦。

3. 怎样开发与利用海洋能？

海洋能潮汐发电和热能发电是利用海洋能的重要方式，海洋能的利用中应用范围最广、技术最成熟的是利用潮汐能发电。

海水在天体（主要是月球和太阳）引力作用下产生的周期性涨落

运动，形成潮汐现象。

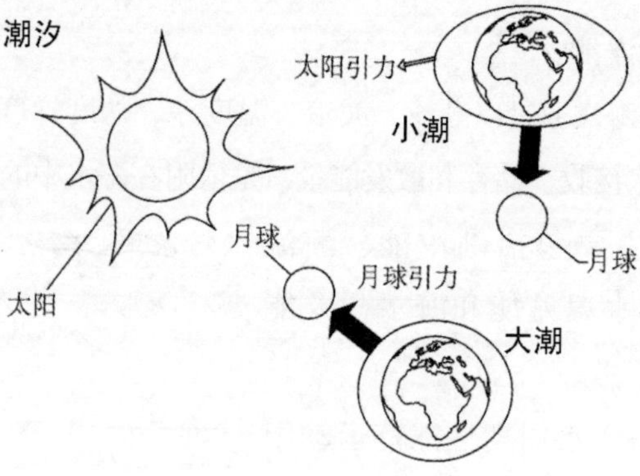

图 2－22　潮汐的形成

因月球引力的变化引起地球上的海水平面周期性地升降，因海水涨落及潮水流动所产生的能量称为潮汐能。

什么是潮汐发电？

潮汐发电是利用海湾、河口等有利地形，建筑水堤，形成水库，以便于大量蓄积海水，并在坝中或坝旁建造水利发电厂房，通过水轮发电机组进行发电。这种能量是永恒的、无污染的能量。

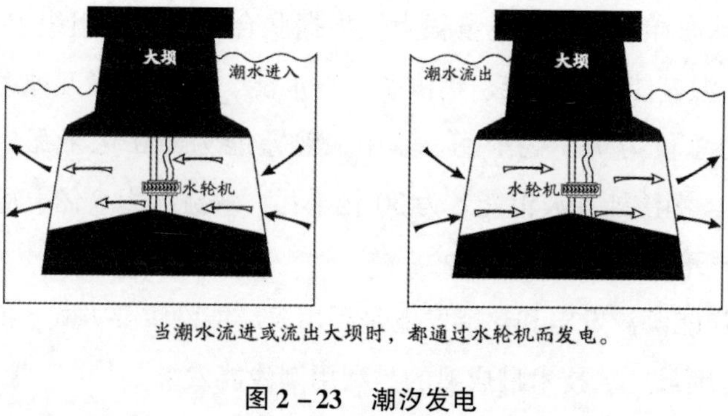

当潮水流进或流出大坝时，都通过水轮机而发电。

图 2－23　潮汐发电

潮汐发电的发展状况如何？

韩国和法国成为世界上主要利用海洋能发电的国家，加拿大位列第三，再就是中国、英国、葡萄牙和西班牙等国家。

潮汐发电是一种新兴能源，世界多国已予以高度重视。

什么是海洋热能发电？

海洋是世界上最大的太阳能接收器，海洋热能发电是指通过一定的技术手段，将海洋中储存的热能转化为电能。

图 2－24 海洋热能发电

利用海洋热能发电的原理是什么？

在阳光的照射下，海洋的表层海水温度往往较高，而深水层的海水温度相较于表层海水的温度会低得多，使用海洋热能发电机，利用表层海水与下层海水之间的温度差来产生能源。

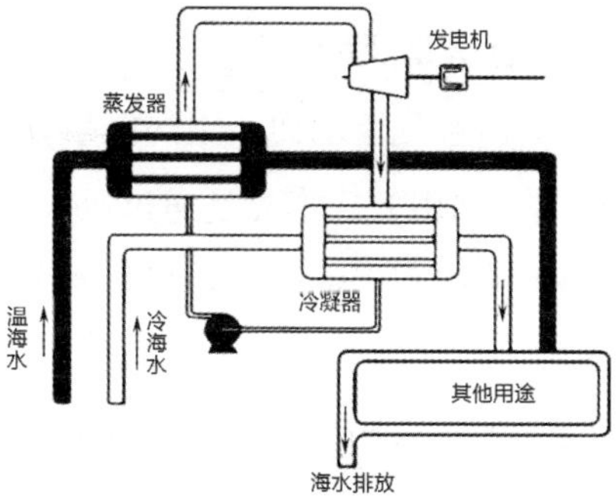

图 2－25 海洋热能发电机原理简图

海洋热能发电面临哪些困难？

◎ 海洋热能发电是一个高端科技项目，它涉及许多材料学、物理学的发展问题，涉及能量转换的效率问题。当前世界各国可再生能源相关科技的研发起步较晚，海洋热能发电的经济效益仍旧很低，收益成本率太低。海洋热能发电还会造成对海洋的生态影响，有可能对海水造成污染，对海洋生物正常的生态循环产生不可知的结果。

知识小链接

潮汐电站知多少

◎ 世界上第一座实验性小型潮汐电站是1912年在德国建成的布苏姆潮汐电站。

◎ 世界上规模最大的潮汐发电厂是韩国京畿道安山市始华湖的潮汐能电站。

◎ 世界著名的潮汐能电站有法国朗斯河河口的潮汐能电站、加拿大芬迪海湾的潮汐能电站、俄罗斯基斯洛湾的潮汐能电站。

（六）风能

1. 什么是风能？

◎ 由空气流动而产生的能量就是风能，亦称“风力”。风很早就被人们利用，利用方式主要是通过风车来抽水、磨面等。

◎ 风能利用的形式包括：风力发电、风帆助航、风车提水、风力致热采暖等。

◎ 现在主要是以风力发电为主。

风力发电的原理，是利用风力带动风车叶片旋转，再通过增速机将旋转的速度提升，促使发电机发电。风力发电是把风的动能转变成机械动能，再把机械能转化为电力动能。一般而言，3 级风就有可以利用的价值，风速大于 4 米/秒适宜于发电。

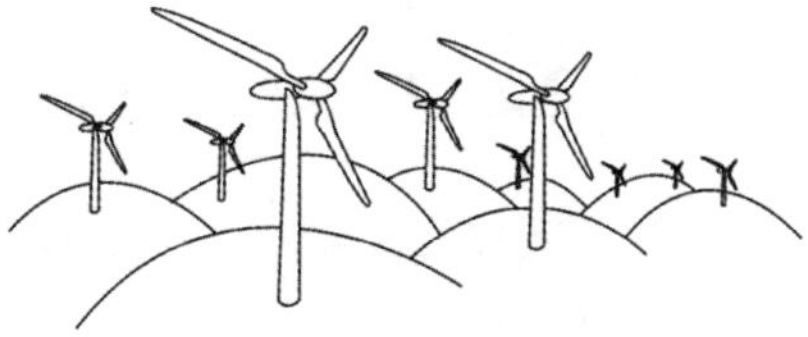

风力发电机组（“风力发电装置”）大体上可分风轮（包括尾舵）、发电机和铁塔三部分。

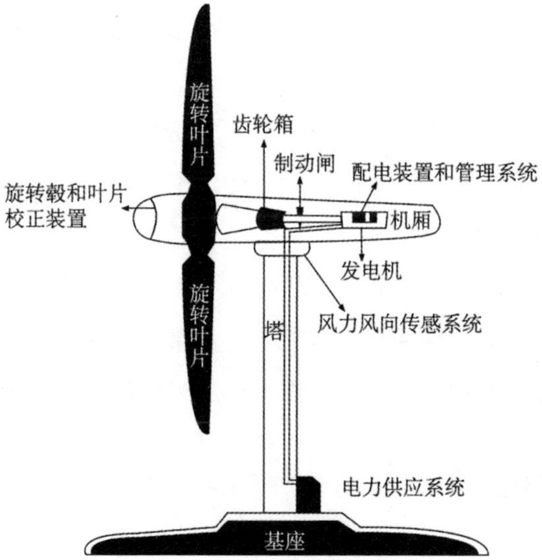

图 2－26　风力发电装置简图

2. 世界上风能资源分布如何？

根据相关资料统计，每年来自外层空间的辐射能为 1.5×10^{18} 千瓦小时（kWh），其中的 2.5% 的能量（约 3.8×10^{16} 千瓦小时）被大气吸收，产生大约 4.3×10^{12} 千瓦小时的风能。由此可以看出，地球上的风能资源十分丰富。

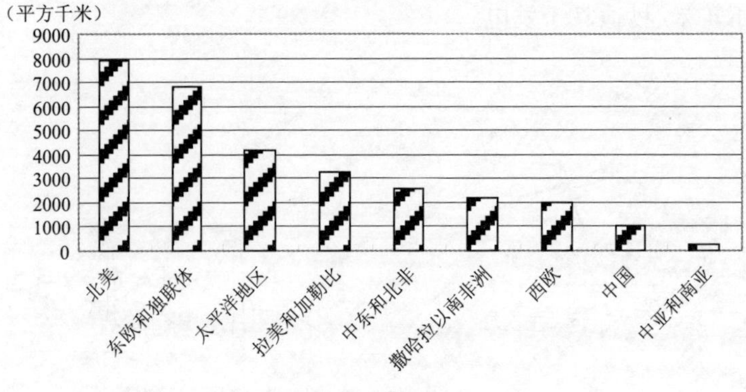

图 2-27　全球陆上风力为 3~7 级所占面积

据统计，全球的风能约为 2.74×10^9 兆瓦，其中可利用的风能为 2×10^7 兆瓦，比地球上可开发利用的水能的总量还要大 10 倍，风能蕴量巨大。

风能资源受地形的影响较大，世界风能资源多集中在沿海和开阔大陆的收缩地带，如北美地区、东欧和独联体国家等地区。

3. 风力发电有多少？

◎ 风能全球蕴藏量巨大，具有可再生、分布广、无污染的特性，但是，由于技术、风能自身的因素等制约，风能发电所占比重并不大，随着技术进步和环保事业的发展，风能发电将成为世界能源发展的重要方向。

知识小链接

风的趣谈

◎ 太阳热辐射地球的过程中，由于地球表面各处吸收太阳辐射不均匀，空气密度不等和地球自转等原因引起空气流动而形成风。

◎“龙卷风”是从雷雨云底伸向地面或水面的一种范围很小而风力极大的强风旋涡，分为多涡旋龙卷、陆龙卷、水龙卷等。

飓风。按世界气象组织的定义，热带气旋中心持续风速达到12级的（64节或以上、每秒32.7米或以上，又或者每小时118公里或以上）称为飓风。

台风。我国一般将形成于26℃以上热带洋面上的热带气旋称为台风，按强度，将其分为热带低压、热带风暴、强热带风暴、台风、强台风和超强台风六个等级。

台风编号及命名。人们对台风的命名始于20世纪初，正式以人名为台风命名始于1945年，2000年1月1日起开始使用现在的命名方法。由世界气象组织（WMO）所属的亚太地区的柬埔寨、中国等14个成员国和地区事先提供140个名字的命名表，每组14个名字，分成10组，按每个成员国英文名称的字母顺序排列，按顺序循环使用。

（七）氢能

1. 什么是氢能？

“氢能”亦称“氢能源”“氢燃料”，指氢气和氧气通过化学反应所产生的能量。

2. 氢能主要储存在哪里？

氢的主体以化合物水的形式存在，地球表面的70%为水所覆盖，它构成了宇宙质量的75%，水就是氢的大“仓库”。

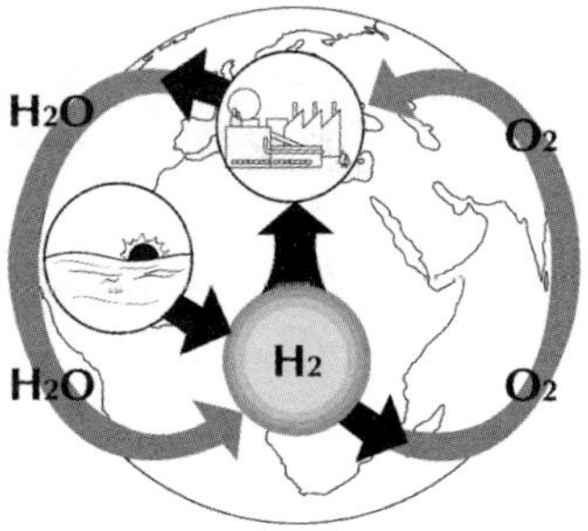

图2－28　氢能

3. 氢能是如何产生的呢?

◎ 人类对氢的获得，常见的方法有水电解制氢、煤炭气化制氢等。

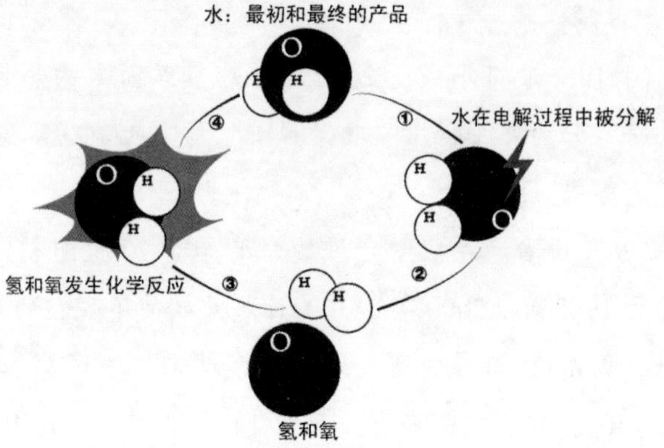

图 2－29　氢能

4. 人类开发与利用氢能的情况怎样?

◎ 工业每年用氢量为 5500 亿立方米。

◎ 氢能发电。利用氢气和氧气燃烧，组成氢氧发电机组进行发电，氢燃料电池是更新的氢能发电方式，日本已建成万千瓦级燃料电池发电站。

◎ 我们已在研制氢动力汽车，用氢动力代替石油。

◎ 未来氢能将会进入家庭，这是一个很好的能源利用方式。目前氢燃料的广泛开发将使其有可能代替内燃机，实现人类能源利用的大革新。

知识小链接

氢能趣谈

◎ 1928 年，德国齐柏林公司制造了世界上第一艘利用氢的飞艇，实现了空中飞渡大西洋。

◎ 1960 年液氢首次用作航天动力燃料，1970 年美国发射的“阿波罗”登月飞船使用的起飞火箭用液氢做燃料。

◎ 20 世纪 70 年代提出以氢为媒介（储存、运输和转化）的一种未来的经济结构设想——氢经济（Hydrogen economic），试图以此取代现有的石油经济体系。

（八）地热能

1. 什么是地热能？

“地热能”（全称“地下热能”，简称“地热”）分为来自地球内部熔融岩浆和放射性物质衰变而产生的能量（大部分集中分布在构造板块边缘一带）及一少部分来自于太阳辐射的能量。

来自于地球内部的地热资源可分为蒸汽型、热水型、地压型、干热岩型和熔岩型五大类。

地热能主要分为三种类型：高温对流型地热资源；中温、低温对流型地热资源；中低温传导型地热资源。

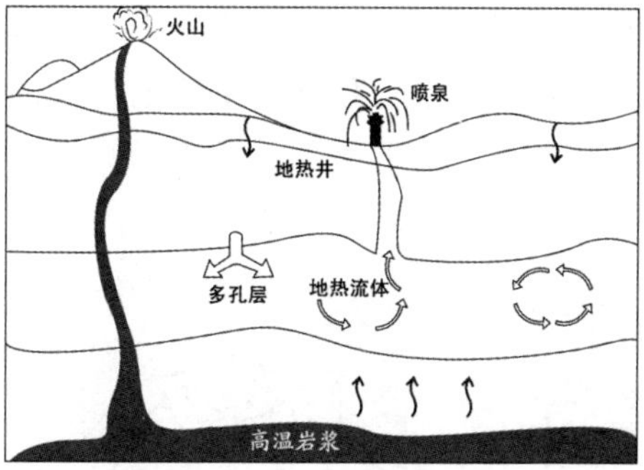

图 2－30　地热形成原理简图

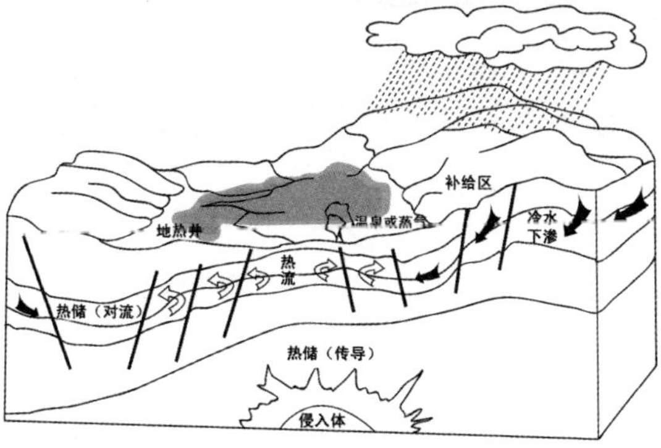

图 2－31　地热能的产生

“地热能”利用主要有地热发电和地热水的直接利用两种方式。利用地源热泵技术开发浅层地热能为建筑物供热、制冷是实现节能减排的有效途径。

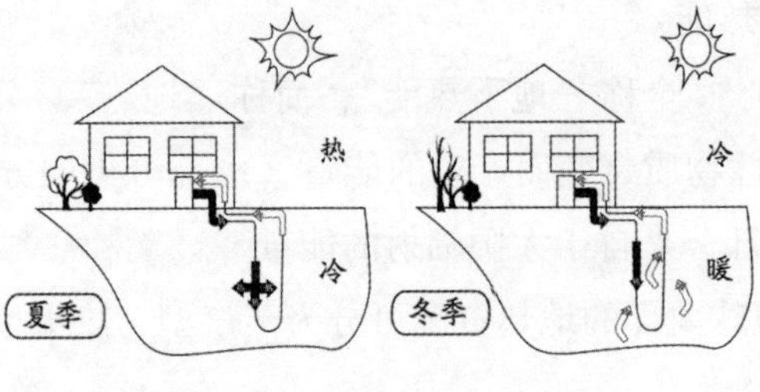

图 2－32　地热供暖示意图

2. 世界上地热能主要分布在哪里？

世界上地热资源主要集中在三个地带：环太平洋沿岸地热带；从大西洋中脊向东横跨地中海、中东到我国藏川滇地热带；非洲大裂谷和红海大裂谷地热带。

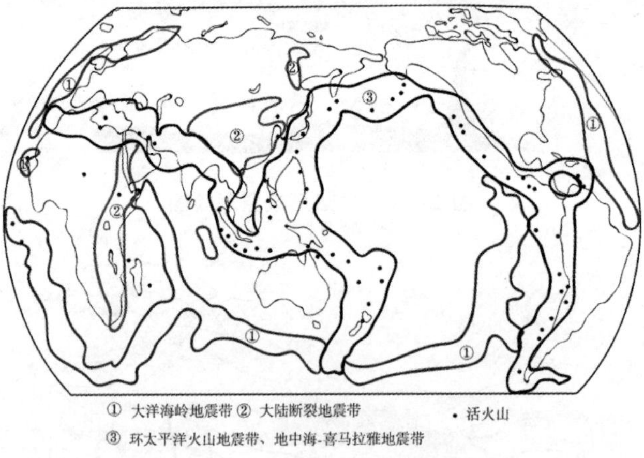

图 2－33　世界火山和地震带分布图

3. 地热能储量有多少？

地球蕴藏的地热能约 14.5×10^{22} 千焦，折合 4948 万亿吨标准煤，按 2010 年世界年消费 171 亿吨标准煤计算，可满足人类数十万年的能源需求。

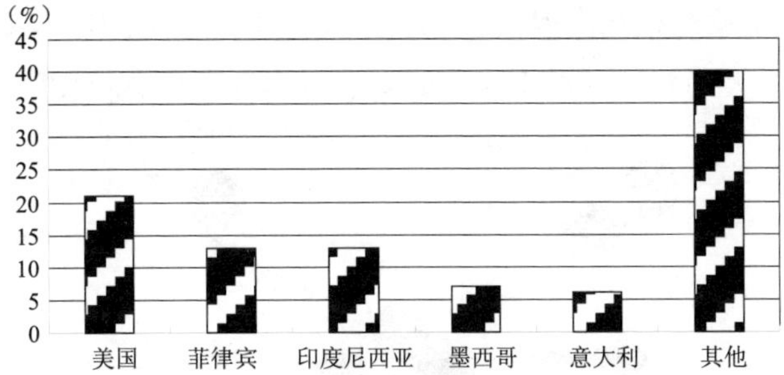

图 2－34　世界地热资源储量主要国家分布占比

据 2010 年世界地热大会统计，全世界共有 78 个国家正在开发利用地热技术，27 个国家利用地热发电，地热能发电技术前景广阔。

（九）核能

1. 什么是核能？

核能（又称“原子能”或“原子核能”），是通过核反应（核裂变、核聚变、核衰变）从原子核释放的能量。

2. 核能的分类有哪些？

核能分为重核（如铀核）裂变能和轻核（如氘核）聚变能两种。

重核裂变是指一个重原子核，分裂成两个或多个中等原子量的原子核，引起链式反应，从而释放出巨大的能量。

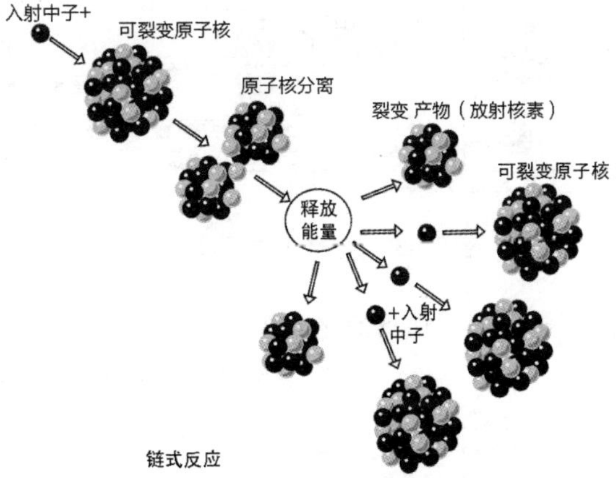

图 2－35　重核裂变的链式反应

轻核聚变是指在高温下（几百万度以上），两个质量较小的原子核结合成质量较大的新核并放出大量能量的过程，也称热核反应。

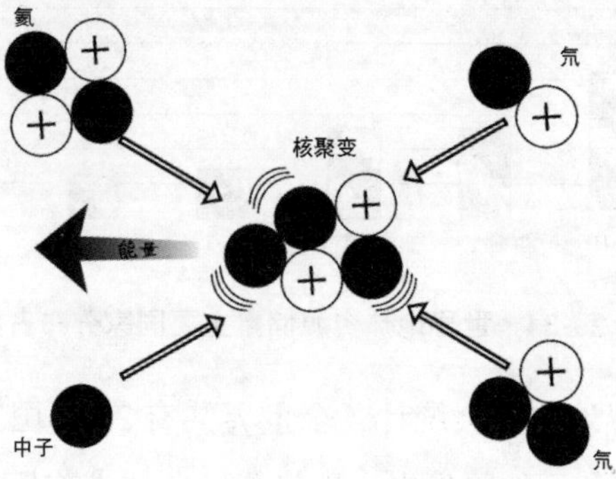

图 2－36　轻核聚变

3. 核能的工作原理是什么？

核能是不可再生资源，一般用于发电。现行的核电站，采用的是重核裂变的原理。

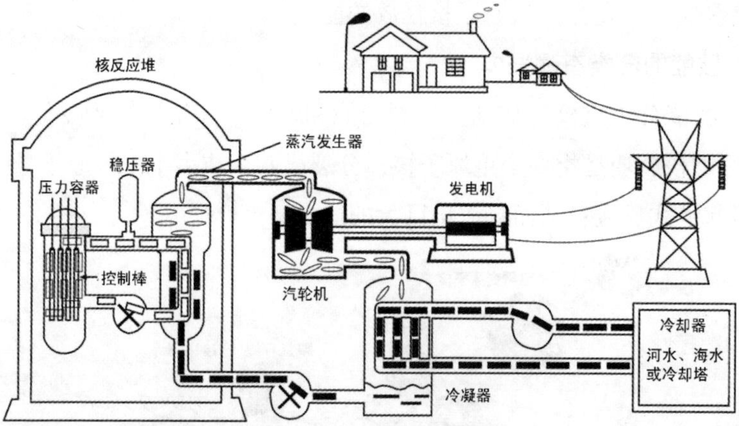

图 2－37　核能发电原理简图

4. 世界核能储量与消费情况怎么样？

核燃料有铀、锂、硼等，世界上铀的储量约为 417 万吨，核资源丰富。地球上可开发的核燃料资源可提供的能量是矿石燃料的十多万倍。

据 BP《世界能源统计年鉴 2014》统计，世界核电消费整体上呈增长态势，2013 年全球核电消费量 24889.67 亿千瓦时。

5. 世界核电站分布情况如何？

◎ 截至 2014 年 3 月末，全球在役运行核电机组 434 台。其中，美国 100 台、法国 58 台、俄罗斯 33 台、韩国 23 台、印度 21 台、中国 20 台、加拿大 19 台。世界上核电站的数量逐年增加，核电站的分布见下图。

◎ 目前，全球有 10 多个国家计划开始发展核电，包括埃及、印度尼西亚、波兰、土耳其、越南等。

图 2－38 世界核电站分布简图

知识小链接

核电发现知识知多少

◎ 19 世纪末，英国物理学家汤姆逊发现电子，人类逐渐揭开了原子核的神秘面纱。

◎ 1914 年，英国物理学家卢瑟福通过实验发现质子，1935 年，英国物理学家查得威克发现中子。1938 年德国科学家奥托·哈恩用中子轰击铀原子核，发现了核裂变现象。

◎ 人类第一台核反应堆是 1942 年 12 月费米科研小组于芝加哥大学建成的“芝加哥一号堆”，其采用铀裂变链式反应，开启了人类原子能时代。

1954 年苏联建成了世界上第一座核电站——奥布灵斯克核电站。

知识小链接

原子弹

原子弹（Atomic bomb）是利用核反应产生的光热辐射、冲击波、感生放射性造成大面积杀伤、破坏、放射性污染的高杀伤力武器，主要包括裂变武器（通常称为原子弹）和聚变武器（通常称为氢弹）。

原子弹研制

1939 年初，德国化学家 O. 哈恩和物理化学家 F. 斯特拉斯曼发表了有关铀原子核裂变现象的论文。同年 9 月初，丹麦物理学家 N. H. D. 玻尔和他的合作者 J. A. 惠勒从理论上阐述了核裂变反应过程，并指出能引起这一反应的最好元素是同位素铀 235。到“第二次世界大战”即将结束时美国制成 3 颗原子弹，使美国成为第一个拥有原子弹的国家。美国 1945 年 8 月 6 日、9 日先后在日本的广岛和长崎投下了两颗原子弹。

原子弹爆炸简图

原子弹爆炸时的防护措施

当原子弹爆炸时，切忌看火球。

应立即避开窗口、火炉等容易暴露的地形，蹲藏于壕沟、土坑、矮墙等处；位于开阔地面的人员，应背向爆炸点处闭眼、张口、护头卧倒。

知识小链接

核电池

核电池又叫“放射性同位素电池”，是通过半导体换能器将同位素在衰变过程中放出载能粒子（如α粒子、β粒子和γ射线）并将其能量转换为电能而制成的。

核能电池具有体积小、重量轻、寿命长等优点。

目前，核电池已经成功制作成航天器电源、心脏起搏器电源、水下监听器电源、月球探测器电源等。

核电池

三、我国的能源状况与能源形势

（一）我国煤炭资源的状况与形势

1. 我国哪里富藏煤炭？

我国煤炭储量主要分布在华北、西北地区，集中在昆仑山—秦岭—大别山以北的北方地区，以山西、陕西、内蒙古等省区的储量最为丰富，它们几乎集中了中国煤炭资源的60%；黄河流域内煤炭储量大，品种齐全，品质优良，在全国占有极其重要的地位；还有近9%集中于川、云、贵、渝地区。

2. 我国煤炭资源储量怎么样？

我国可采煤炭储量约1145亿吨，居世界第三位，但13亿多的巨大人口基础，使我国煤炭人均占有量低。云、贵、渝三省煤炭资源量之和为3525. 74亿吨，占我国南方煤炭资源量的91. 47%。

我国煤炭资源分布总体呈现出北多南少、西多东少的状况。我国煤炭分布不均衡表现得比较突出。

3. 我国煤炭产量怎么样？

我国是世界第一大产煤国，2012年，我国煤炭产量达36. 6亿吨，约占世界煤炭总产量的一半。据国家统计局公布的2014年《国民经济和社会发展统计》公报，2014年全国原煤产量38.7亿吨。

4. 我国煤炭消费情况怎样？

◎ 据国家统计局公布的2014年《国民经济和社会发展统计》公报，2014年煤炭消费量约为35.1亿吨，2014年我国煤炭消费量21世纪首次下降。

◎ 2016年5月24日，中国煤炭工业协会会长王显政在出席2016年世界煤炭协会技术委员会会议时表示，虽然我国一直在减少煤炭在能源消费结构中的比例，但是2015年中国的煤炭消费量39.65亿吨，仍占世界的一半。①

◎ 我国主要煤炭消费区主要集中在东南沿海等经济发达地区，资源分布与消费地域不一致。大规模、长距离的“北煤南运”是中国煤炭资源流向的基本格局。

知识小链接

中国用煤碳的历史

◎ 河南郑州古荥镇冶铁遗址的挖掘，证明当地从西汉中叶至东汉前期是以煤为动力冶铁的历史。

◎ 南北朝时，我国北方家庭已广泛使用煤取暖、烧饭。

◎ 唐朝时，我国南方广泛使用煤。

◎ 宋朝时，煤炭在京都汴梁已是家用燃料。

◎ 宋朝已用焦炭炼铁。1961年在广东新会县发掘出的南宋炼铁遗址中，除发现有炉渣、石灰石、铁矿石外，还发现焦炭。目前所知，这是世界上用焦炭炼铁的最早实例，中国用煤炼焦，比欧洲早了500多年。

◎ 元朝时，意大利的马可·波罗看到中国用煤盛况，在《马可·波

---

① 北京商报。

罗游记》一书中做了记载。

◎ 明朝，煤炭已是冶铁的主要燃料。

知识小链接

中国历史典籍中的“煤”

◎ 中国古代称“石炭”“乌薪”“黑金”“燃石”等。

◎ 最早记载煤的名称和产地的著作是战国时期的《山海经》。

◎ 中国从汉代起就开始开采并使用煤，距今已经两千多年了，我国是世界最早开采和使用煤炭的国家。“豫章郡出石可燃，为薪。”

——（东汉）班固《汉书·地理志》

“数百万家，尽仰石炭，无一家燃薪柴火者。”

——（宋）庄绰《鸡肋编》

◎ 北魏地理学家郦道元的《水经注·河上》是首次在文献中记载用煤冶铁。

◎ 明末清初著名科学家宋应星在的《天工开物》一书中就有关于“冶铁”的记载，还记述了当时采煤时以长竹筒伸向井底，以排除毒气的方法。

同学们知道古人是如何赞美煤炭的吗？

（明）于谦

咏煤炭

（明）于谦

凿开混沌得乌金，藏蓄阳和意最深。
爝火燃回春浩浩，洪炉照破夜沉沉。
鼎彝元赖生成力，铁石犹存死后心。
但愿苍生俱饱暖，不辞辛苦出山林。

这首诗指出煤炭能够让百姓驱散寒冬的阴冷、获得春日般的温暖，不仅表达了作者对煤炭的赞美之情，而且，作者托物言志，借煤炭的燃烧表达忧国忧民的思想，鞠躬尽瘁，死而后已的无私献身精神和高风亮节情怀。

（二）我国石油资源的状况与形势

1. 我国哪里富藏石油？

我国石油资源的总量比较丰富，集中分布在渤海湾、松辽、塔里木、鄂尔多斯、准噶尔、珠江口、柴达木和东海大陆架八大盆地。

2. 我国石油资源储量怎样？

据2003年的BP统计，在世界103个产油国中，我国石油可采资源总量和剩余可采储量分别居第11位和第10位。

截至2004年底，我国石油探明可采储量为67.91亿吨，待探明可采资源量近144亿吨，石油可采资源探明程度32.03%，处在勘探中期稳步增长阶段。

3. 我国石油产量怎么样？

2015年我国石油产量2.15亿吨。

4. 我国石油消费情况如何？

根据国家统计局数据显示，2013年我国原油表观消费量高达4.88亿吨，而国内产量仅为2.08亿吨，对外依存度达到57.39%。

据海关统计，2014年我国原油进口量约为3.1亿吨，与此对应，我国原油对外依存度也由2013年的57.39%上升至59.6%。目前，我国已成为世界第一石油消耗国和第二大原油进口国。

知识小链接

古人对石油的认识趣谈

在古代石油被称为“石漆”“水肥”“石脂”“石脂水”“石脑油”“泥井油”“火井油”等。古人逐渐认识到石油的各种性能。

石油：可燃的“水”。

“高奴，有洧水，可燃。”

——（东汉）班固《汉书·地理志》

最早记载石油的文献是公元1世纪《汉书·地理志》，在这一文献中，石油被认为是可燃的“水”。

我国早在汉代已开始使用石油了，是世界公认的最早发现和利用石油的国家之一。

石油：水上有肥。

“高奴县有洧水，肥可燃。水上有肥，可接取用之。”

——（北魏）郦道元《水经注》

郦道元认为石油是“水上有肥”。

魏晋时，中国人已用石油作照明燃料了。

石油：“石出泉水”。

“县南有山，石出泉水，大如管籚，注地为沟。其水有肥，如煮肉洎，羕羕永永，如不凝膏，然之极明，不可食，县人谓之石漆”。

——范晔《后汉书·郡国志五》

“石漆”即为石油，这是石油的正式命名。

石油：“石脂水”。

“石漆，高奴县石脂水，水腻，浮水上如漆，采以膏车及燃灯，极明。”

——（唐）段成式《酉阳杂俎卷十·物异篇》

唐代人们称石油为“石脂水”，且开始用含蜡量极高的固态石油制作蜡烛，称为“石蜡”。

唐宋以后，像四川、甘肃、陕西等出产石油的地区，用石油作为照明新能源的地区已有很多了。

石油：最终定名。

“鹿延境内有石油。旧说高奴县出脂水，即此也。生于水际，沙石与泉水相杂，惘惘而出。土人以雉尾囊之，乃采入罐中。颇似淳漆，燃之如麻，但烟甚浓，所沾幄幕皆黑。予疑其烟可用，试扫其煤以为墨，黑光如漆，松墨不及也，道大为之，其识文为‘延州石液’者是也。此物后必大行于世，自予始为之。盖石油至多，生于地中无穷，不若松木有时而竭。”

——（宋）沈括《梦溪笔谈·杂志一》

“鄜延境内有石油”，“石油”这个中文名称是由北宋大科学家沈括第一次命名的。

◎ 世界上最早建造长输管道的国家。

中国四川用竹做成管线，称之“笕”。这种竹制管道在12口自流井上使用，总长一二百公里。中国是世界上最早建造长输管道的国家。

同学们知道古人歌咏石油的诗词吗？

延州

（宋）沈括

二郎山下雪纷纷，旋卓穹庐学塞人。
化尽素衣冬不老，石油多似洛阳尘。

（宋）沈括

沈括描写“化尽素衣冬不老，石油多似洛阳尘”的诗句，指出了石油燃烧所形成的石油烟尘，比洛阳车马扬起的烟尘还容易熏黑行人的衣裳。

（三）我国天然气资源的状况与形势

1. 我国哪里富藏天然气？

◎ 我国天然气资源主要分布于塔里木、四川、鄂尔多斯和东海陆架地区，约占全部资源量的2/3。

◎ 山西是全国煤层气资源最为富集、最具开发潜力的地区，全省2000米以浅的煤层气资源总量约为10万亿立方米，约占全国的1/3。

◎ 我国最大的海上气田是位于海南岛南部海域的崖城13－1气田。

2. 我国天然气储量如何？

2015 年，我国新增探明地质储量 6772.20 亿立方米，新增探明技术可采储量 3754.35 亿立方米，至 2015 年底，剩余技术可采储量 51939.45 亿立方米。①

从地理分布来看，我国天然气资源集中分布在塔里木、四川、鄂尔多斯、东海陆架、柴达木、松辽、莺歌海、琼东南和渤海湾九大盆地，其可采资源量 18.4 万亿立方米，占全国的 83.64%。②

从地理环境分布看，我国天然气可采资源有 74% 分布在浅海、沙漠、山地、平原和戈壁。

3. 中国天然气产量有多少？

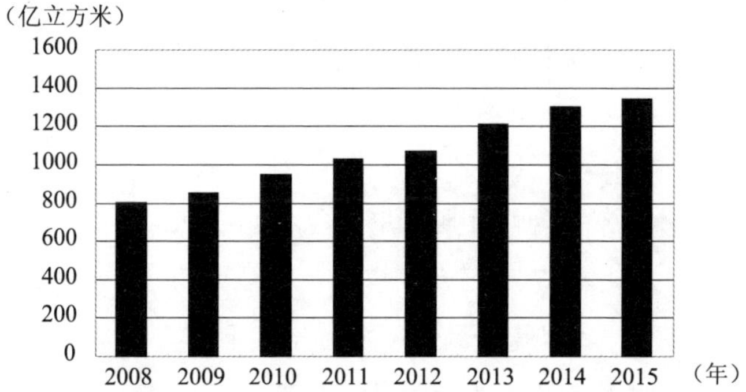

图 2－39　2008—2015 年中国天然气产量

4. 我国天然气消费情况如何？

2013 年我国天然气表观消费量 1631.48 亿立方米，国内产量为 1129.39 亿立方米，对外依存度达到 30.78%。

① 2015 年中国天然气探明储量高位增长，中国新闻网，2016－04－06.

② 中国数字科技馆：地球资源博览馆. http://amuseum.cdstm.cn/AMuseum/diqiuziyuan/er1_2_2.html.

知识小链接

中国古代天然气趣谈

◎ 中国最早发现天然气。天然气的发现者是公元前3世纪～公元前2世纪战国时期的李冰，在四川临邛（今邛崃）兴修水利、钻凿盐井时发现天然气，当时称为“火井”。

《天工开物》将人们当时在开采煤炭时发现天然气的场景描画下来。

古代挖煤时的天然气
（《天工开物》插图）

◎ 中国是最早的气井开采国家。秦汉时期临邛县“有火井，夜时光映上昭。民欲其火，先以家火投之。顷许如雷声，火焰出，通耀数十里。以竹筒盛其火藏之，可拽行终日不灭也。”

——（晋朝）常璩《华阳国志》

两千两百多年前的秦朝时期，中国就打出了天然气气井。我国比英国17世纪大规模使用天然气约早十八个世纪以上，我国是世界上最早的气井开采国家。

◎ 最先记载中国用火井煮盐的是晋朝张华所著《博物志》。

◎ 井火煮盐:《天工开物》中有着井火煮盐的详细记述。

井火煮盐（《天工开物》插图）

◎ 世界上第一口超千米气井。世界上第一口超千米气井是于1835年凿成的中国四川自贡大安区街长堰扩的兴海井，井深1001.42米。

生产时间最长的气井。中国的德成井于1762年开始采气至1955年，长达193年，是世界生产时间最长的气井。

知识小链接

西气东输

“西气东输”西起新疆塔里木盆地的轮台县轮南油气田，向东至上海，全长4200千米，是我国距离最长、口径最大的输气道管，形成了一条横贯中国10个省区的能源大动脉。大大缓解了我国西部地区的天然气销售和东部地区的天然气短缺问题。

2015年我国形成横贯东西、纵贯南北的天然气基础管网，覆盖全国31个省份，使得95%以上的地级市都可以用上天然气，大大便利了我们的生活。

（四）我国水能资源的状况与形势

1. 我国水能资源的分布情况怎样？

我国地势西高东低，呈阶梯状三级分布，在各个阶梯的交接处，水能资源尤为丰富。其中，长江流域特别是长江上游地区（从横断山脉到第二阶梯与第三阶梯的分界处）水能资源最为丰富。而我国的北方地区，由于地势平坦（多为平原）、降水较少，因此水能资源没有南方丰富。

2. 我国水能资源储量怎样？

我国已查明可开发水能的蕴藏量达6.78亿千瓦，居世界第一位，其次为俄罗斯，巴西、美国、加拿大、扎伊尔水能资源较为丰富，紧随其后。

在全国可供开发的水资源中，东部的华东、东北、华北三大区共仅占6.8%，中南5地区占15.5%，西北地区占9.9%，西南地区占67.8%，其中，除西藏外川、云、贵三省占全国的50.7%。

3. 我国水能资源开发情况怎样？

我国水能资源丰富，中国的江河水能理论蕴藏量为6.91亿千瓦，每年可发电 6 万多亿度，可开发的水能资源约 3.82 亿千瓦，年发电量约 1.9 万亿度。我国水能资源西多东少，主要集中在西部和中部，水能资源分布不均。

知识小链接

大禹治水

很久很久以前，黄河的泛滥淹没了两岸农田，冲倒了老百姓家中的房屋，黎民流离失所，饿殍遍野。

大禹治水

尧帝先是派鲧去治水，可是鲧治水九年，一事无成。后来，舜帝接任了尧帝的职位，他见鲧耽误了大事，便处死了鲧，并派鲧的儿子禹去治水。

禹不仅承担着父亲要治水的遗愿，又担负着黎民百姓对治水的殷切希望，他便下决心一定要治理好洪水。他走过千山万水来察看水流和地形，提出堵不如疏的治水策略，他率众挖通九条大河，劈开九座大山，终于引导洪水流入了大海，成功治水。

就这样，洪水被禹制服了，人民过上了安康的生活，大家非常感激这位治水的伟大英雄，将“大”字冠于禹的名字之前。从此，“大禹”的名字代代相传。

知识小链接

中国古代水能利用趣谈

◎ 古代人制造出水车，是我国最古老的农业灌溉工具，也是旧式的以水流带动石磨、风箱等工作的动力机械装置。

知识小链接

古代京杭大运河

京杭大运河南起余杭（今杭州），北到涿郡（今北京），途经今浙江、江苏、山东、河北四省及天津、北京两市，贯通海河、黄河、淮河、长江、钱塘江五大水系，全长约1797公里，已有2500多年的历史，是世界上里程最长、工程最大的古代运河，也是最古老的运河之一。2002年，大运河被纳入了“南水北调”的东线工程。

知识小链接

南水北调工程

“南水北调工程”是把长江流域的水资源，分其上游、中游、下游三线抽调一部分送至华北、淮海平原、西北等水资源短缺的地区，目前，东线和中线已经开工，已经在很大程度上缓解了我国华北地区的用水困难问题。是我国解决地区水资源匮乏的一个利国利民的战略性工程。

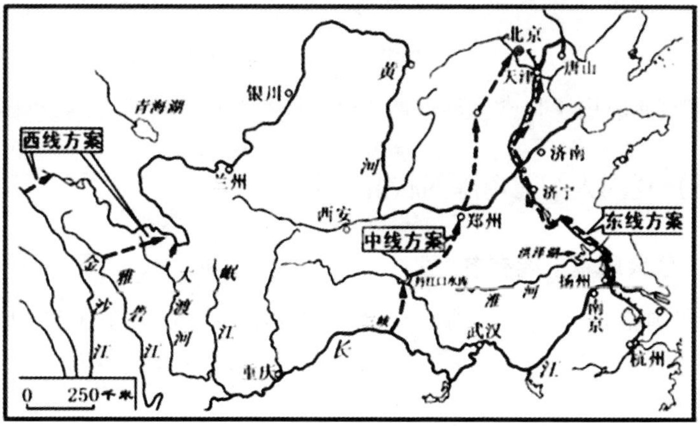

南水北调工程

同学们知道古人歌颂水能的诗词吗？

（宋）苏轼

游博罗香积寺

（宋）苏轼

去县七里，三山犬牙，夹道皆美田，麦禾甚茂。寺下溪水可作碓磨，若筑塘百步，闸而落之，可转两轮举四杵也。以属县令林抃，使督成之。

二年流落蛙鱼乡，朝来喜见麦吐芒。
东风摇波舞净绿，初日泫露酣娇黄。
汪汪春泥已没膝，剡剡秋谷初分秧。
谁言万里出无友，见此二美喜欲狂。
三山屏拥僧舍小，一溪雷转松阴凉。
要令水力供臼磨，与相地脉增堤防。
霏霏落雪看收面，隐隐叠鼓闻舂糠。
散流一啜云子白，炊裂十字琼肌香。
岂惟牢丸荐古味，要使真一流天浆。
诗成捧腹便绝倒，书生说食真膏肓。

宋代诗人苏轼的“要令水力供臼磨，与相地脉增堤防”，为我们勾画出一幅将水能应用于日常生活中的生动图景。

（五）我国太阳能资源的状况与形势

1. 我国太阳辐射能有多少？

我国幅员辽阔，陆地面积接收的太阳辐射总量在 3.3×10^3 千焦/（平方米·年）~8.4×10^6 千焦/（平方米·年），相当于 2.4×10^4 亿吨标准煤，有着十分丰富的太阳能资源。

2. 我国哪些地方太阳辐射多？

从全国太阳年辐射总量的分布来看，西藏、青海、新疆、内蒙古南部、山西、陕西北部、河北、山东、辽宁、吉林西部、云南中部和西南部、广东东南部、福建东南部、海南岛东部和西部以及台湾地区的西南部等的太阳年辐射总量很大。

3. 我国太阳能资源开发情况怎样?

中国开发利用太阳能的光伏企业因为价格低廉而效果显著，冲击了美国与欧盟本地区光伏产业的发展，但于2012年受到美国“双反”和2013年受到欧盟“双反”政策反倾销。

4. 我国太阳能资源消费情况怎样?

据BP《世界能源统计年鉴2014》，2013年我国太阳能发电消费量为11.9十亿千瓦时，比2012年增加91.3%，占世界太阳能发电消费的9.5%。

2013年太阳能发电累计装机容量为18300兆瓦，比2012年增加161.4%，占世界太阳能发电装机的13.1%。

知识小链接

中国古代太阳能认识趣谈

太阳是人类生存活动的根本，中国古老的神话传说中有许多关于太阳的描述。其中关于太阳是怎样产生的，在《山海经》中有记载。

羲和者，帝俊之妻，生十日。

——（先秦）《山海经·海外东经》

帝俊与羲和生了十个太阳，古人见太阳有黑子，认为是会飞的黑色的鸟，负载着太阳的日出日落等，为区别于人间的乌鸟，加一脚以辨别，“三足乌”是中国神话传说中驾驭日车的神鸟名，“三足乌”“金乌”“赤乌”“踆乌”“阳乌”成为太阳的别名。

三足乌

日中有三足乌，月中有兔、蟾蜍。

——（汉）王充《论衡·说日》

◎ 下有汤谷。汤谷上有扶桑，十日所浴，在黑齿北。居水中，有大木，九日居下枝，一日居上枝。

——（先秦）《山海经·大荒南经》

◎ 汤谷上有扶木，一日方至，一日方出，皆载于乌。

——《山海经·大荒东经》

这便是对十日神话传说的记述。

◎ 后羿射日。

逮至尧之时，十日并出，焦禾稼，杀草木，而民无所食。猰貐、凿齿、九婴、大风、封豨、修蛇皆为民害。尧乃使羿诛凿齿于畴华之野，杀九婴于凶水之上，缴大风于青邱之泽，上射十日，而下杀猰貐，断修蛇于洞庭，擒封豨于桑林。

——（西汉）淮南王刘安《淮南子（本经训）》

知识小链接

夸父逐日

夸父与日逐走，入日；渴，欲得饮，饮于河、渭，河、渭不足，北饮大泽。未至，道渴而死。弃其杖，化为邓林。

——（先秦）《山海经》

夸父逐日的故事，反映了中国古代先民不惜牺牲生命以战胜自然的强烈愿望。

知识小链接

古代“冰透镜”

冰透镜

“削冰令圆，举以向日，以艾承其影，则火生。”

——（西汉）淮南王刘安《淮南万毕术》

冰透镜是一种和放大镜镜片类似的透镜，是由冰块磨制而成。

同学们知道古人歌颂太阳的诗词吗？

东郎山

（唐）曹邺

东郎屹立向东方，翘首朝朝候太阳。

一片丹心存万古，谁云坐处是遐荒？

（六）我国生物质能资源的状况与形势

1. 我国生物质能源储量情况怎样？

我国拥有丰富的生物质能资源，据测算，我国理论生物质能资源为50亿吨左右标准煤，是中国总能耗的4倍左右。

◎ 农业产出物的51%转化为秸秆，年产约6亿吨，其中约3亿吨可作为燃料使用。

- 林业废弃物年可获得量约9亿吨，其中约3亿吨可能源化利用。
- 畜禽养殖和工业有机废水理论上可年产沼气约800亿立方米。

2. 利用生物质能生产情况怎样？

- 利用生物质能比较显著的就是发电，主要是沼气发电。

什么是沼气发电？

沼气发电，是随节能要求和环保要求而出现的一种沼气利用技术，是随着大、中型的工厂化畜牧场和农村地区小型沼气池建设不断发展的一项沼气利用技术。

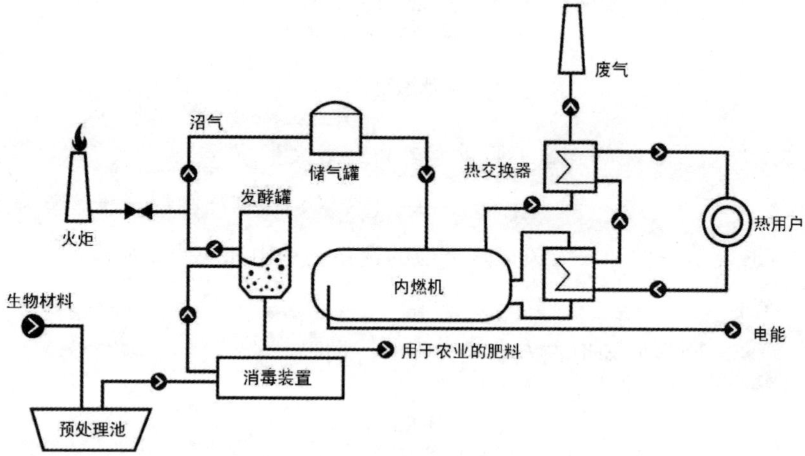

图 2－40　沼气发电简图

沼气发电技术通过将工农业、生产生活以及城镇生活中的大量有机废弃物（如农作物秸秆、禽畜粪便、垃圾、工业有机废水和生活污水等）厌氧发酵处理后产生沼气，再驱动沼气发电机组利用沼气作为燃料发电，并能充分将发电机组的余热反馈于沼气生产的一项技术。

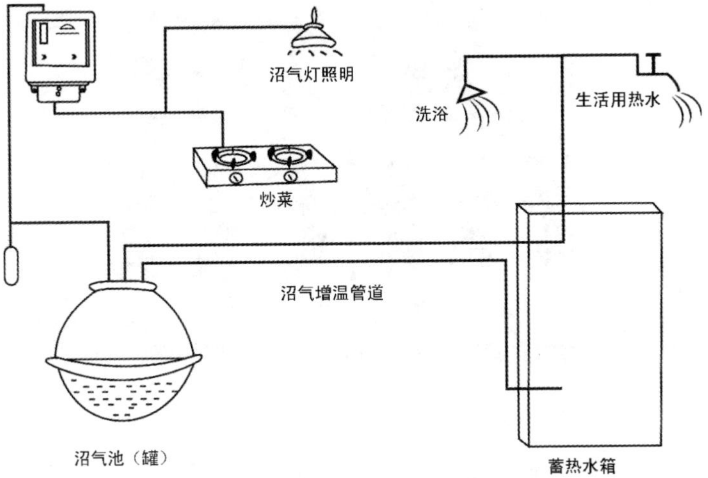

图 2－41　沼气综合利用示意图

沼气发电技术的发展现状是什么样的？

沼气发电在世界已经受到广泛重视和积极推广。沼气发电是可再生能源的主要利用方式，数十年来，已经产生了一套十分完整的发电技术。在世界能源日益趋紧的状况下，世界上各国愈加重视可再生能源的利用。

我国在利用沼气发电的步伐同西方发达国家相比发展较晚，但经过 30 多年的发展历程，也已经取得了长足的进步。在华北一些牧区、山区，已经有了较成体系的沼气综合利用体系。

知识小链接

后稷教稼

传说后稷（名弃）三皇五帝时期的农业创始人，他是帝喾的妃子姜嫄的儿子。到尧帝的时候，他被封为农官，舜帝后来将他封号提为后稷，用以表示他的功勋与帝王相当。

后稷懂得教导人民种植多种粮食作物，被人尊称为“百谷之神”。后来，因为感念他的功劳，便尊称后稷为“稷王”。

神农（后稷）教稼（山东武氏祠汉砖拓图）

后稷使人民懂得种植五谷得以丰收，教导人民知道了春播、夏管、秋收、冬藏，创立了圆满的农事活动经验传承，开创了中华农耕文明的源头。民以食为天，中华人民为了感念后稷，还创造了“江山社稷”的成语。

同学们知道古人歌颂生物能的诗词吗？

（宋）翁卷

乡村四月

（宋）翁卷

绿遍山原白满川，
子规声里雨如烟。
乡村四月闲人少，
才了蚕桑又插田。

（七）我国海洋能资源的状况与形势

1. 我国海洋能资源储量情况怎样？

◎ 我国有大陆海岸线长达 18000 多公里，据国家海洋局“908”专项调查，我国近海海洋能（包括海洋风能）理论装机容量达 158041×10^4 千瓦，技术可开发量达 64655×10^4 千瓦，我国海洋能资源丰富。

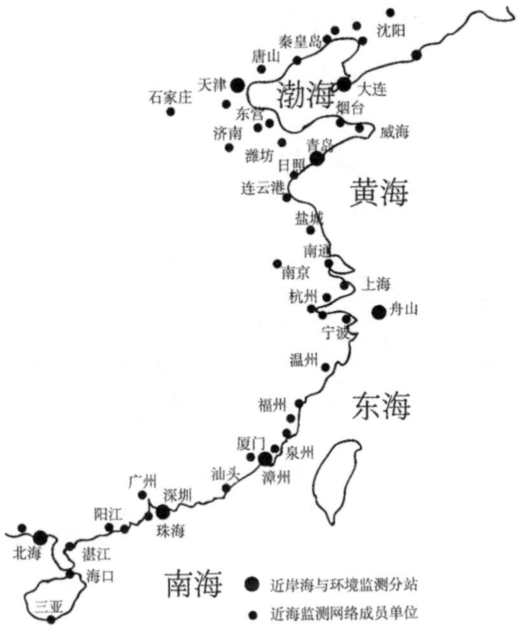

图 2－42　我国海洋资源分布简图

2. 我国海洋能分布情况怎样?

据调查统计，我国温差能资源蕴藏量在各类海洋能中占居首位，可开发的资源量超过 13 亿千瓦。

◎ 我国潮汐能资源最丰富的地区集中在福建和浙江沿海，浙江的钱塘江口、乐清湾，福建的三都澳、罗源湾等是潮差最大的地区。我国潮汐能资源蕴藏量约为 1.1 亿千瓦，可开发潮汐能资源约为 2200 万千瓦，理论年发电量约 624 亿千瓦时。

◎ 我国海流能可开发的资源量约为 1400 万千瓦，其中以浙江沿岸最多。

◎ 我国波浪能可开发的资源量约为 1300 万千瓦。

◎ 我国海上可开发利用的风能约 7.5 亿千瓦，以福建、江苏和山东省海洋风能最为丰富。

◎ 我国拥有大量富油藻类种群，适合开展海洋生物质能的开发利用及研究。

◎ 我国大陆沿岸和海岛附近蕴藏着较丰富的海洋能资源。

3. 我国海洋能开发情况怎样?

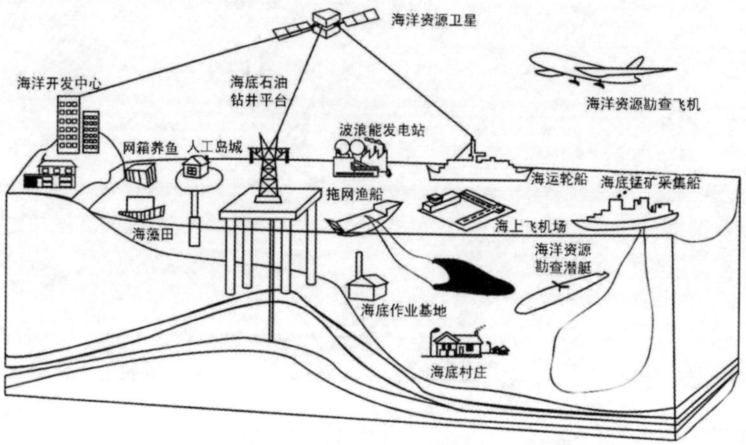

图 2－43　海洋资源开发简图

◎ 我国海洋能开发虽然起步较晚，但近 20 多年来，海洋能应用技术日趋成熟，尤其是波浪能技术相对成熟，目前发展势头迅猛。

知识小链接

精卫填海

发鸠之山，其上多柘木。有鸟焉，其状如乌，文首，白喙，赤足，名曰“精卫”，其鸣自詨。是炎帝之少女，名曰女娃。女娃游于东海，溺而不返，故为精卫，常衔西山之木石，以堙于东海。

——《山海经·北次三经》

译文：有一座山名叫发鸠，山上有很多柘树。山上有一种鸟，它的形状像乌鸦一样，头上带有花纹，有白色的喙和红色的爪子，这种鸟名叫“精卫”，“精卫”的叫声就好像在叫自己的名字；这种鸟是炎帝的小女儿化成的，她本名叫做女娃。女娃在东海玩的时候溺水而死，再也回不了爸爸炎帝的身边了，她就化身成了精卫鸟。它常常衔着西山的树枝和石块，想以此把害死了她的东海湮没。

精卫填海①

知识小链接

钱塘江大潮

钱塘江大潮是与印度恒河潮、巴西亚马逊潮齐名的世界三大涌潮之一，它是由月亮和太阳对地球表面海水的吸引力、杭州湾喇叭口的特殊地形、加上沿海一带常刮的东南风这一风势所造成的特大涌潮。农历八月十六日至十八日，潮涌达到最大。浙江省海宁盐官镇为最佳观潮地，亦称“海宁潮”，“钱江秋涛”闻名国内外。

---

① 图片出处：http：//www. 58pic. com/ppt/13273918. html

知识小链接

中国潮汐能知多少

◎ 中国在20世纪50年代开始利用潮汐能，是世界上利用潮汐能较早的国家。

◎ 中国潮汐能电站容量在500千瓦以上的站点共191处，可开发总装机容量为2158万千瓦，主要集中在福建、浙江、江苏等省的沿海地区。

◎ 中国浙江江厦潮汐电站总装机容量3200千瓦，这是中国，也是亚洲最大的潮汐电站，仅次于法国朗斯潮汐电站和加拿大安纳波利斯潮汐电站，居世界第三位。

同学们知道古人歌颂潮汐能的诗词吗？

（宋）苏轼

崔试官考较戏作

（宋）苏轼

八月十五夜，月色随处好。
不择茅檐与市楼，况我官居似蓬岛。
凤咮堂前野桂香，剑潭桥畔秋荷老。
八月十八潮，壮观天下无。
鲲鹏水击三千里，组练长驱十万夫。
红旗青盖互明灭，黑沙白浪相吞屠。
人生会合古难必，此景此行那两得。
愿君闻此添蜡烛，门外白袍如立鹄。

《观海潮》

（宋）王义山

凭谁撼得海门开，疑是神兵着力推。
霎地起来银一线，驾山卷起雪千堆。
列江画舫浮天去，几片红旗逐浪回。
毕竟神京钟王气，海神岂为子胥来。

海洋的力量是无处不在的，随着潮起潮落、随着太阳对海洋照射之下海洋的吸热能力，海洋内部蕴藏着巨大的能量，而这一能量一旦蓬勃而出，将会对人类的能源世界产生很大影响。

（八）我国风能资源的状况与形势

1. 我国风能分布情况怎样？

我国风能资源主要集中于西部、北部和东北的内陆地区，东南部沿海地区与台湾岛，在台湾海峡地区，也具有较好的风能开发价值。

2. 我国风能总储量有多少？

第三次全国风能资源调查结果显示：我国可开发风能总储量约有43.5亿千瓦，其中可开发和利用的陆地风能储量有6～10亿千瓦，近海风能储量有1～2亿千瓦，共计7～12亿千瓦。

2013年风电累计装机容量为91460兆瓦，比2012年增加21.3%，占世界风电装机容量的28.6%。中国风电利用市场正呈现方兴未艾的景象。

3. 我国风能消费有多少？

据BP《2014年世界能源统计年鉴》，2013年中国风电消费量为131.9十亿千瓦时（相当于29.8百万吨油当量），比2012年增加37.8%，占世界风电消费的21%。①

① 北极星电力网。

知识小链接

我国著名的风口

◎ 阿拉山口风口，8 级以上大风年平均 164 天，最高风速 55 米/秒，年平均风速 7 米/秒的风口常年狂风怒吼，这是我国的第一大风口。

◎ 达坂城风口，8 级以上大风每年出现百日以上，我国的第二大风口。这里有我国第一个大型风电厂，也是亚洲最大的风力发电站——新疆达坂城风电厂。

◎ 鄯善东部七角井风口，8 级以上的大风达一百多天，被称为“风之戈壁”，是我国的第三大风口。

同学们知道古人有关风的诗词吗？

清末诗人高鼎《村居》为我们展现出一幅儿童假借风力进行娱乐的生动画面。

村居

（清）高鼎

草长莺飞二月天，拂堤杨柳醉春烟。

儿童放学归来早，忙趁东风放纸鸢。

但是，风也会给人们的生活带来不便，甚至大风可直接危及人们生命财产的安全。

（唐）杜甫

绝句三首其三

（唐）杜甫

漫道春来好，狂风太放颠。

吹花随水去，翻却钓鱼船。

（九）我国氢能资源的状况与形势

我国对氢能的研究和开发可以追溯到20世纪70年代初期。

我国从1986年“七五”开始一直没有中断氢能的研发，确立了多项氢能研发的项目，并且确立了氢能发展成为国家优先能源的战略地位。

我国科学家为发展航天事业，对作为火箭燃料的液氢及燃料电池进行了大量的研发工作，我国将氢作为能源载体和新的能源系统进行了开发。

2016年在大连建成我国首座利用风光互补发电制氢的70MPa加氢站（同济-新源加氢站）。

（十）我国地热能资源的状况与形势

1. 我国地热资源情况怎样？

高温对流型地热资源，主要分布在西藏、腾冲现代火山区及台湾地区。

中温、低温对流型地热资源，主要分布在沿海一带，如广东、福建、海南等省区。

中低温传导型地热资源，主要分布在华北、松辽、鄂尔多斯等中新生成大中型沉积盆地。

2. 我国地热开发利用情况怎样？

我国是世界上地热能直接利用总量最大的国家，经过多年的技术积累，我国地热发电效益显著提升，已经基本形成了一定的开发利用格局。

2013年，我国地热发电消费量为45.9十亿千瓦时，占世界地热发电消费量总量的9.5%。2013年地热发电累计装机容量为27兆瓦，占世界地热发电装机的0.2%。

目前中国的地热资源的开发利用尚处于初期阶段，技术落后、开采效率低、交易机制不完善、环境污染等问题较为突出。

西藏是中国地热活动最强烈的地区，地热蕴藏量居中国首位。

3. 我国地热能消费有多少？

◎ 地热能利用主要分为高温地热发电和非电直接利用（包括中低温地热直接利用、浅层地热能供暖制冷）两种。

◎ 高温地热发电在我国规模较小。由于非电直接利用地热能技术难度低，因此我国地热能消费主要是非电直接利用。目前，我国非电直接利用已居世界首位。地热能的高效利用技术现正处于进一步研发阶段。

知识小链接

地热发电知识趣谈

◎ 1904 年，在意大利托斯卡纳的拉德瑞罗，首次用地热驱动发电，随后建造了第一座 500 千瓦的小型地热电站。

◎ 美国地热发电的装机容量居世界首位。

◎ 1970 年，中国科学院在广东省丰顺县汤坑镇邓屋村建起了发电量 60 千瓦的我国第一座地热试验发电站。

◎ 1975 年，西藏第三地质大队用岩心钻在羊八井打出了我国第一口湿蒸汽井，1976 年我国大陆上第一台兆瓦级地热发电机组在这里成功发电，开创了世界中温浅层热储资源发电的先例。

◎ 西藏最著名的羊八井地热田是中国最大的高温湿蒸汽热田。

知识小链接

古人描述火山爆发的诗歌

（宋） 陶弼

送吕涛典狱之梧州

（宋）陶弼

峡口苍梧县，城依南斗魁。
江潭海潮上，地热火山来。
草没嘉鱼穴，云封拜表台。
到应无狱讼，豆蔻酒频开。

宋代诗人陶弼认曾经有诗云“江潭海潮上，地热火山来”，他的诗中就提到了火山所蕴含的地热。

（十一）我国核能资源的状况与形势

1. 我国核电厂分布情况怎样？

我国核电主要分布在广东沿海、浙江沿海、江苏沿海、福建沿海，截至2014年9月4日，我国大陆已建成并投入商业运行的核电站有8座，分别为浙江秦山核电站一期、二期、三期，广东大亚湾核电站和岭澳核电站一期、二期，江苏田湾核电站，辽宁红沿河1、2号机组，福建宁德1号机组，防城港1号机组共20台机组。

2. 我国核电量情况怎样？

据国家能源局2013年公布的数据显示：截至2012年底，全国发电装机容量达到11.44亿千瓦，其中核电1257万千瓦，占全国总装机容量的1.1％。

2013年我国核电消费量为110.6十亿千瓦时，比2012年增加13.9%，占世界核电消费的4.4%。

知识小链接

中国著名核电站知多少

地处浙江省海盐县的秦山核电站是中国自行设计、建造和运营管理的第一座30万千瓦压水堆核电站。

位于中国广东省深圳市东部大亚湾畔的大亚湾核电站，是大陆首座使用国外技术和资金建设的核电站。

同学们知道中国原子弹发展史吗？

1964年10月16日，中国在新疆罗布泊成功爆炸了第一颗原子弹。

1966年12月28日，小当量的氢弹原理试验成功。

◎ 1967 年 6 月 17 日，成功地进行了首次百万吨级的氢弹空投试验。

◎ 中国核能技术已经处于世界领先位置。

◎ 2016 年 9 月 15 日，英国政府正式批准中广核与法国电力集团合作建设欣克利角 C 等核电项目，中国核电技术出口欧洲市场，成为继中国高铁之后的又一高端“中国制造”成功走出国门。

第三章　能源安全

同学们，知道能源的重要性是什么吗？能源有限性是什么呢？各种能源的利用会对环境造成什么样的影响呢？这都涉及能源安全问题，这是本章要探讨的问题。

一、 能源的重要性

能源为现代化生产生活提供必要的能量来源，是整个世界发展和经济增长的基本驱动力，能源是一个国家经济能够平稳、健康发展的重要支撑，是人类赖以生存的基础，与人们生产生活和社会发展密切相关。

自工业革命以来，随着人类对能源需求量的迅速增加，由于传统能源的有限性和分布不平衡性，能源安全问题已经出现。1913 年，邱吉尔提出了“绝不能仅仅依赖一种石油、一种工艺、一个国家和一个油田”的主张，以能源来源多样化破解能源危机，成为能源时代不变的主题。

近些年来，随着全球能源匮乏、资源枯竭等一系列问题的出现，能源

危机和能源安全等话题广为世人关注，世界各国都越来越重视用能、节能问题。

二、常规能源的有限性

煤炭、石油、天然气等常规能源，尤其是煤炭、石油等传统能源的形成需要数亿年的时间，是经过复杂的物理化学作用而形成的，条件极其复杂，其储藏不仅有限，而且，在当代人类大量使用的情况下，储量日益减少，石油还可以开采 30 年左右，煤炭还可以开采 50 年左右，天然气还可以开采 100 年左右，有些常规能源在可预见的不长时间内将被消耗殆尽。

三、能源的利用与发展受到哪些因素影响？

人口增长与能源短缺的矛盾加大。

2011 年 10 月 31 日零点前 2 分钟，婴儿丹妮卡·卡马乔在菲律宾首都马尼拉降生，成为全球范围内几名被宣布成为象征性的全球第 70 亿名成员之一。世界人口达到 70 亿的这一天，距“60 亿人口日”不过 12 年。

世界人口在 2040 年前可望增长 20 亿，人口总数将超过 90 亿。能源在帮助经济增长和创造新机遇方面发挥着至关重要的作用，而人口增长和经济发展又将推动全球能源的需求不断增长。尽管能源利用效率在提高，但是随着经济发展和人口增长，世界能源需求在今后数十年里仍会不断增长。

经济发展与能源短缺的矛盾加大。

能源需求与经济发展关系紧密、相互依存。人类社会的进步依靠经济的发展，而经济的发展又必须依赖能源的支撑和保证。我国作为发展中国家，经济发展对能源依赖性强，随着城镇化进程的加快，能源需求十分巨大，能源供需矛盾日渐突出，能源需求成为制约经济发展的“瓶颈”。

随着经济社会的发展以及世界人口数量的不断增加，世界各国对能源的需求量有增无减，能源供给正面临着前所未有的巨大压力。能源的需求量与供应量的差距逐渐拉大，表现出严重的能源供需矛盾。

◎ 利用技术和成本等的限制。

人类对核能、海洋能等新兴能源的利用还存在许多技术困难。

所以，虽然可再生能源在一定程度上可以取代传统能源为人类发展提供源源不断的动力，但是至少在现阶段，还不能完全作为替代能源。

当前世界正面临着能源供应、能源需求、能源价格、能源运输、能源使用等安全问题在内的综合性风险与威胁。能源危机和能源安全问题始终存在，这都要求我们时刻保持警惕，避免因能源因素而引发发展危机。

知识小链接

中国人口突破13亿

2015年末，中国大陆总人口达13.7462亿人。

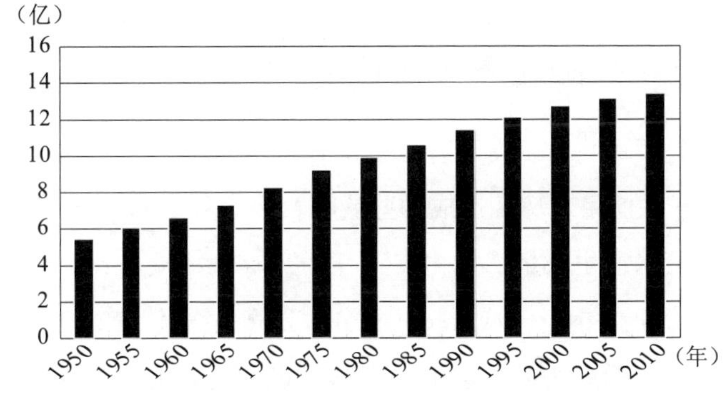

图3－1　中国1950—2010年人口数量

四、能源的使用与环境

（一）煤炭的使用与环境

1. 煤炭作为日常消费能源有哪些优势、劣势？

煤炭作为日常消费能源的优势是什么？

◎ 煤炭埋藏相对较浅，甚至有露天煤矿，开采难度不大。

◎ 与油气资源相比，煤炭资源分布比较均匀。全世界拥有煤炭资源的国家约有 80 个，大小煤田共有 2371 个。

◎ 煤的碳元素含量丰富，燃烧释放能量高。

◎ 煤炭是比较廉价的燃料。在化石能源价格中，煤是最便宜的能源之一。

煤炭作为日常消费能源的劣势是什么？

◎ 煤炭是不可再生资源，存在资源终将枯竭的问题。

2. 煤炭开采使用对环境造成哪些威胁？

◎ 煤炭开采产生大量二氧化碳、有害气体、废气。

一般而言，正常的空气成分按体积分数计算是：氮（N_2）约占 78%，氧（O_2）约占 21%，稀有气体（氦 He、氖 Ne、氩 Ar、氪 Kr、氙 Xe、氡 Rn）约占 0.939%，二氧化碳（CO_2）约占 0.031%，还有其他气体和杂质如臭氧（O_3）、一氧化氮（NO）、二氧化氮（NO_2）、水蒸气（H_2O）等约占 0.03%。

◎ 煤炭开采产生大量有害气体。

煤炭开采产生大量废气主要指矿井瓦斯和地面矸石山自燃所释放的气体。

矿井瓦斯中的主要成分甲烷（CH_4），其温室效应为二氧化碳（CO_2）的 21 倍。

据统计，中国每年从矿井开采中排放甲烷（CH_4）约占世界甲烷总排放量的 30%，除 5% 左右的集中回收利用外，其余全部排放到大气中。

◎ 煤炭燃烧产生大量二氧化碳。

煤炭的有机质构成主要有碳（C）、氢（H）、氧（O）、氮（N）、硫（S）等元素，还含有极少量的磷（P）、氟（F）、氯（Cl）和砷（As）等元素。

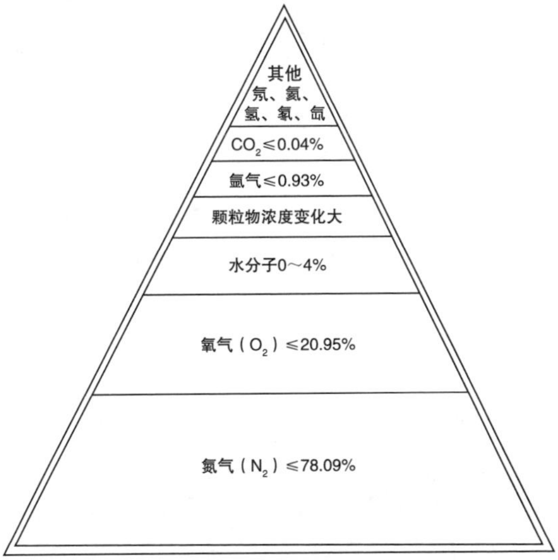

图 3－2　空气主要构成

煤碳燃烧产生大量的二氧化碳（CO_2），这是一种能产生温室效应的气体，会导致全球变暖。

煤炭燃烧产生大量有害气体

煤在燃烧过程中产生的 SO_2、NO_2 等气体，可形成酸雨，污染环境。

煤炭燃烧产生大量的“粉尘”与“落尘”

进入冬季，大量燃烧煤炭用于供暖，形成严重的雾霾天气。

煤炭燃烧后，直径在 10 微米以上的颗粒较大的粉尘，一般很快降落到地上，称之为“落尘”。直径小于 10 微米的颗粒较小的粉尘，会飘落在空中很长时间，称之为“飘尘”，形成空气中的悬浮颗粒物。

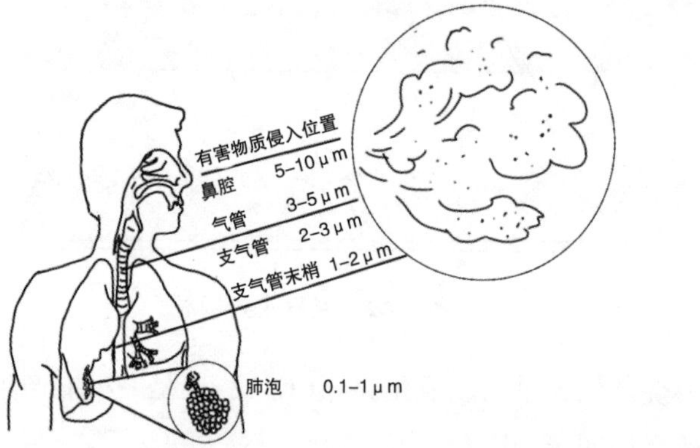

图 3－3　悬浮颗粒物对人体呼吸系统的影响

雾霾引发多种疾病

5～10 微米的飘尘可以进入呼吸道，0.5～5 微米的可以到达肺细胞，有的颗粒物还可能携带有毒物质，甚至是致癌毒物，十分危险。

据估计，每年有 500 万人死于由气候变化及碳过度排放引起的空气污染、饥荒和疾病。如果当前的化石燃料的消费模式不进行改变，到 2030 年死亡人数将会升到600万人，其中，超过90%将发生在发展中国家。①

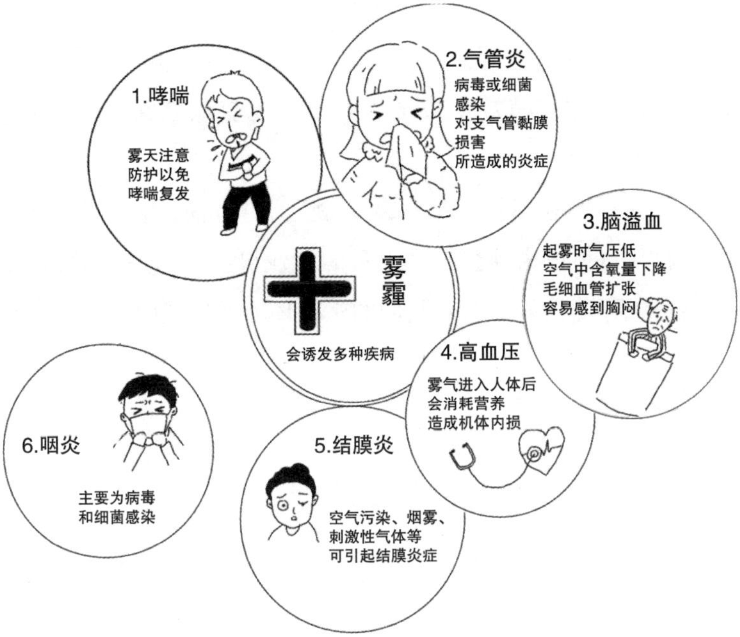

图3－4　雾霾诱发多种疾病

◎ 我国因燃烧煤炭而引发的环境问题。

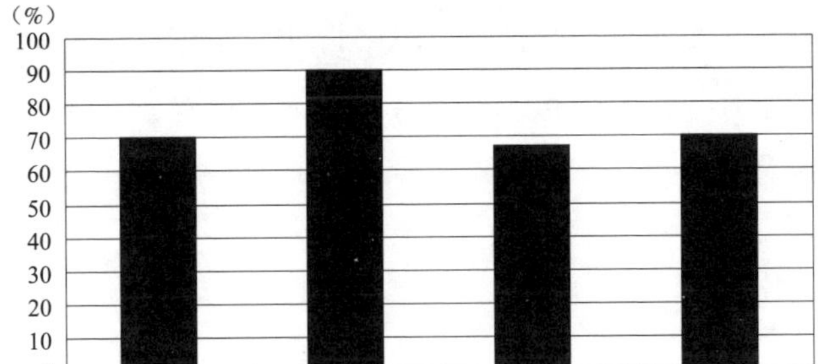

图3－5　我国因燃烧煤炭而引发的环境问题②

① 报告称气候变化将致2030年一亿人死亡？中国城市低碳经济网，2012－10－10.

② 中国新能源网，http：//www.newenergy.org.cn/hzxx/200707/t20070709_187167.html.

煤炭过度开采对周围环境造成破坏

煤炭过度开采，会导致地表沉陷、裂缝，这使得土地资源和植物资源被破坏，土地耕作和植被生长被影响，会改变地貌并引发景观生态的变化。

煤炭资源的开发利用是一把“双刃剑”，一方面，它是经济社会发展的主要原材料，也可以为社会带来大量的就业机会；另一方面，煤炭的大量使用也会造成环境污染，会对我们的生存环境产生威胁。

知识小链接

PM 2.5

细颗粒物又称“细粒”“细颗粒”“PM 2.5”，指环境空气中直径≤2.5 微米的颗粒物。

与较粗大气颗粒物相比，PM 2.5 粒径小，面积大，活性强，易附带如重金属、微生物等有毒、有害物质，且会在大气中长时间停留、远距离输送，对人体健康和大气环境质量的影响更大。全球每年约 210 万人死于 PM 2.5等颗粒物浓度上升。2013 年 10 月 17 日，世界卫生组织下属国际癌症研究机构发布报告，首次指认大气污染对人类致癌，并视其为普遍和主要的环境致癌物。

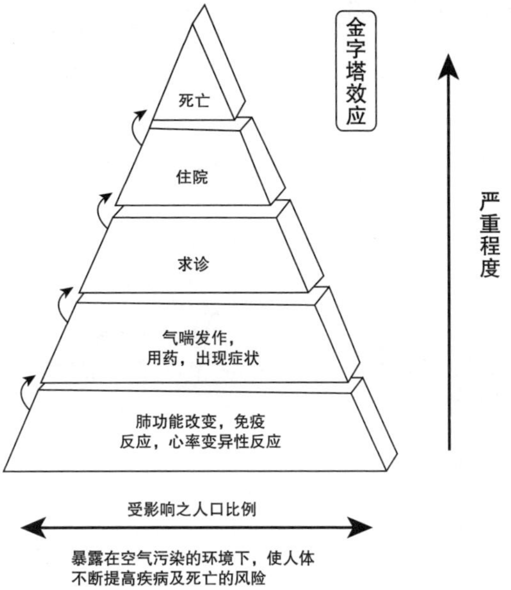

图 3－6　PM 2.5 的健康危害

知识小链接

温室效应。

煤炭燃烧过程中会产生大量温室气体，如二氧化碳（CO_2）、甲烷（CH_4）等吸收太阳能，使平流层逐渐变热，产生温室效应。如果温室效应的效果足够显著，有可能会促使南北极的冰层融化，引起全世界沿海地区灾难性洪水、极端天气、干旱和海平面上升等问题。

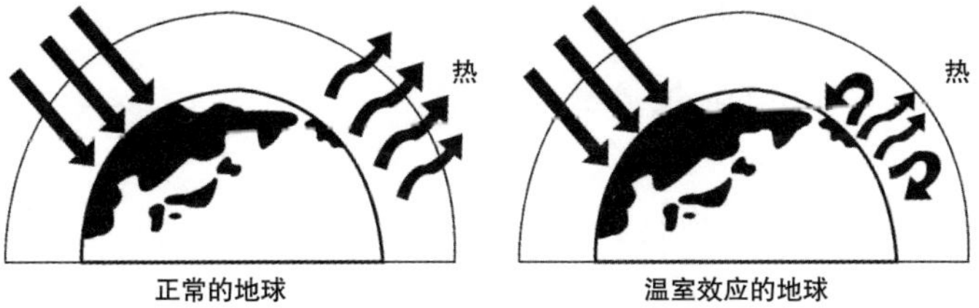

图 3－7　温室效应

温室效应直接引发的是地球表面温度的升高。

近年来全球变暖对世界已经产生了深刻影响：南极、北极的冰层大范围减少，许多山脉的冰川积雪和冰层覆盖快速减少，一些地区的永久冻土解冻、极端天气频繁出现，这都与全球变暖有很大关系。

地球 “发烧了”

温室效应后果

（二）石油的使用与环境

石油在现代社会中有着不同寻常的战略地位，在经济、国防和政治外交等领域中发挥着重要作用。石油产品极其丰富，用途广泛。

1. 石油使用对环境的影响有哪些？

◎ 从石油对环境的影响来看：石油开采、运输、装卸、加工和使用的过程中，由于泄漏和排放石油，对环境产生了一定的污染。石油泄漏对环境的破坏较大，对土质、水体、空气等均有较大影响，在远洋的石油泄漏中，甚至会使海洋的生态体系被破坏。

2. 石油过度使用的环境危害有哪些？

污染大气环境

◎ 石油含有硫，脱硫不利的油品燃烧释放二氧化硫（SO_2）。

◎ 石油不完全燃烧释放表现为挥发性有机物（常用 VOCs 表示）。

◎ 石油在高温下燃烧会部分将空气中氮气（N_2）氧化为氮氧化合物

（NOx）。

以上的二氧化硫（SO_2）、氮氧化合物（NOx）和挥发性有机物（VOCs）被太阳紫外线照射后，发生理化反应污染或燃烧生成化学烟雾，产生致癌物和温室效应，破坏臭氧层等，这是大气产生灰霾污染的重要成因。

污染土壤

石油污染土壤的地方，生态会被破坏，使植物和动物都失去生机。

石油污染对土壤结构具有破坏性的影响，土壤通透性被降低，使植物根部生命力受到损害，植物根部的呼吸能力与吸收能量的能力受制，最终死亡。

当地农作物产量质量严重下降，植物产生毒性。

污染水源及海洋生物

石油扩散过程中形成的油膜对海洋生态造成较大破坏，油膜使渗入海水的太阳辐射减弱，会影响海洋植物光合作用；油膜还阻碍水体的复氧作用，促使海洋冰层融化，从而影响全球气候。

海兽皮毛和海鸟羽毛也受到污染，改变海兽和海鸟的基本生态环境，甚至对海洋动物幼虫等生存造成危害。

海洋的美学价值也因此大打折扣。

污染地下水及江河湖泊

◎ 对水生动植物产生危害，使水生动植物携带毒性或大量死去。

石油对人身体的直接危害

◎ 石油芳香烃类物质对人及动物的毒性较大，其中的苯、甲苯、二甲苯、酚类等物质，人类在较长时间、较大浓度接触后，会引发恶心、头疼、眩晕等症状。

此外，石油中的多环芳烃类物质还具有强烈的"三致作用"（致突变、致癌和致畸效应称为遗传毒理的"三致效应"），人的健康会受到影响，肝肿瘤概率大大提升，患白血病概率大大上升。

综合来看，对石油资源的开发利用应该注意合理，只有在保护环境的前提下合理开发石油资源，才能保证我国经济社会的可持续发展。

知识小链接

古代节能环保灯趣谈

◎ 雁鱼灯。

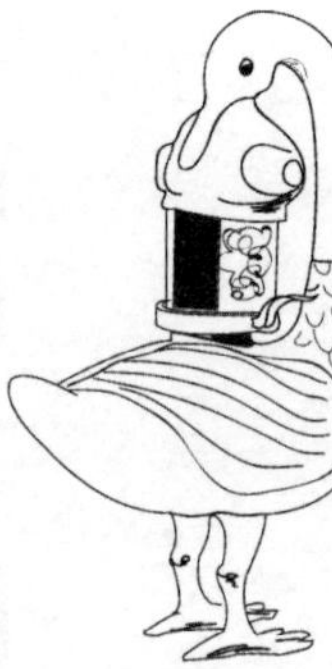

秦汉时出现利用虹吸原理净化空气的雁鱼灯，江西南昌海昏侯墓里出土的雁鱼灯正是这样一种环保灯。

"灯火点燃时，烟雾通过鱼和雁颈导入雁体内，将烟尘吸入雁的肚里让水溶解，净化空气，防止了油烟对室内空气的污染。"

——《文物》（1987年第6期）

◎ 长信宫灯。

长信宫灯

“长信宫灯”于1968年在河北省满城县中山靖王刘胜妻窦绾墓中出土，是中国汉代的青铜器制品，因曾放置于窦太后的长信宫内而得名，现收藏于河北省博物馆。

长信宫灯的灯体高48厘米，重15.85公斤。宫灯灯体是一名通体鎏金、双手执灯跪坐的宫女造型，它由头部、身躯、右臂、灯座、灯盘和灯罩六部分分铸组装而成，灯体中空，头部和右臂可以拆卸。

灯罩由两块弧形的瓦状铜板合拢后为圆形，嵌于灯盘槽中，可以左右开合，这样能任意调节灯光的照射方向、亮度和强弱。

灯盘中心和钎上插上蜡烛，点燃后，烟会顺着宫女的袖管进入体内，不会污染环境，可以保持室内清洁。既防止了空气污染，又具有极高的审美价值。

◎ 宋代“省油灯”。

宋代“省油灯”来自于宋代古城涪陵石沱镇，其碟壁是一个中空的夹层，在碟壁侧面有一个小缺口，可以向内加入少量清水，之后往油碟里面倒入灯油，因为在碟壁内注水后降低了灯盏整体的热度，从而大大降低了油的挥发速度，达到了省油的目的，是一盏设计独特的“省油灯”。

宋代 “省油灯”

陆游“照书烛必令粗而短，勿过一尺。粗则耐，短则近，书灯勿用铜盏，惟瓷盏最省油。蜀有瓷盏注水于盏唇窍中，可省油之半。灯檠法，高七寸，盘阔六寸，受盏圈径二寸半，择与圈称者。”

——（宋）陆游《陆放翁全集·斋居纪事》

◎ 如何让蜡烛更耐烧？

“黄蜡、松脂、槐花各一斤，浮石末四两，一处镕之，用灯芯布浇，一日夜仅点一寸。”

——（明）方以智《物理小识·器用类》

这种名为“忍蜡炷”的蜡烛特别耐用。

由此可见，中国古代人就有环境保护意识，已经注意在日常生活中节能了，这对今天的节能环保问题提供了很大的参考价值。

（三）天然气的使用与环境

天然气使用的优点是什么？

◎ 温室效应低。

几乎不含硫、粉尘和其他有害物质，燃烧时产生的二氧化碳少于其他化石燃料。舒缓地球温室效应，并有助于减少酸雨的形成，可以从根本上改善环境质量。

◎ 安全可靠。

天然气无毒、易散发，密度小于空气，不宜积聚成爆炸性气体，是较为安全的燃气。天然气被人们当作主要的燃料来使用，是优质燃料和化工原料。

◎ 间接环保。

采用天然气作为能源，可减少煤和石油的用量，能减少二氧化硫和粉尘排放量近100%，减少二氧化碳排放量60%和氮氧化合物排放量50%。因而大大改善环境污染问题。

我们每个人的家中都有煤气灶。我们做饭用的煤气灶所用的燃料正是天然气。

天然气使用的缺点是什么？

◎ 造成温室效应的重要能源。

天然气燃烧会产生二氧化碳，天然气的温室效应要比二氧化碳大上25

倍，不利于缓解地球温室效应。

易爆。

天然气储藏和运输主要通过压缩液化方式进行，压力高，浓度达到一定程度，容易引发大爆炸。

使人窒息。

天然气本身无毒、无害，但浓度达到一定程度后会使人窒息。

(四) 水能的使用与环境

水能是清洁环保型能源，水能资源的开发利用是未来能源发展的主要趋势。

水能利用过程不当容易引发环境问题有哪些？

过度使用导致地下水位下降。

过度用水引发干旱。

错误排污导致水污染。

水库环境影响。

如果水库控制不好的话可能会造成下游的重大水患；巨大的水库可能会引起地表的活动，甚至诱发地震；水力发电破坏江河的生态环境，对水生动物而言，上游生态环境改变，会使鱼类受到影响，导致灭绝或种群数量减少；流入和流出水库的水在颜色和气味等方面发生改变，水库各层水的密度、温度、二氧化碳含量，甚至溶解度等都会变化。

在世界能源日益紧缺的大背景下，如何充分利用水能，同时更好地保护环境，实现可持续发展，已成为中国水电建设，乃至能源战略调整的必然选择。

知识小链接

三峡水电站：世界上最大的水电站

“三峡水利枢纽工程”又称“三峡工程”，是由长江西陵峡段与葛洲坝水电站构成梯级电站，1994 年正式动工，2006 年全面竣工，三峡水电站总装机容量2250万千瓦，是世界上规模最大的水电站和清洁能源生产基地，也是中国有史以来建设最大型的工程项目。

我国建设的三峡水利枢纽工程，代表世界水电技术的最高水平，中国巨型水电站建设技术世界领先。

知识小链接

美国胡佛水坝

胡佛水坝（Hoover Dam）位于内华达州和亚利桑那州交界之处的黑峡（Black Canyon），是美国综合开发科罗拉多河（Colorado）水资源的一项关键性工程，1931年4月开始动工兴建，1936年3月建成，1936年10月第一台机组正式发电。

知识小链接

埃及的阿斯旺水坝

阿斯旺水坝1960年开始建造，1970年竣工。大坝建成后，将尼罗河拦腰截断，虽然阿斯旺水坝发挥着供电、抗旱、抗洪水等重要作用，但由于下游河水不再定时泛滥，下游土壤肥力不断下降，导致农业减产情形的发生。

知识小链接

世界上最壮观的十大著名水坝

1. 中国的三峡大坝——世界上规模最大的混凝土重力坝
2. 巴西的伊泰普坝——大坝长度高达7235米
3. 瑞士的大迪克桑斯坝——大坝中的水主要来自冰川
4. 伊朗的克鲁恩河坝——建于多石狭窄的峡谷上
5. 格鲁吉亚的英古里坝——世界上最高的混凝土拱坝

6. 印度的纳加尔朱纳萨加尔水坝——亚洲最大、最古老的水坝
7. 印度的斯里赛拉姆坝——建于纳拉马奈山脉一个大峡谷之上
8. 美国的葛兰峡谷大坝——因对当地的动植物群有影响而遭受批评
9. 美国的胡佛水坝——一直是美国具有历史意义的里程碑
10. 埃及的阿斯旺大坝——深度和蓄水量则居世界第一

（五）太阳能的使用与环境

1. 太阳能使用的优缺点是什么？

太阳能使用的优点是什么？

太阳能是人类取之不尽、用之不竭的可再生能源，蕴藏丰富不会枯竭。

太阳能本身不产生任何的环境污染，太阳能开采利用干净安全，是清洁能源。

太阳能电池主要材料硅来源丰富，成本低廉。

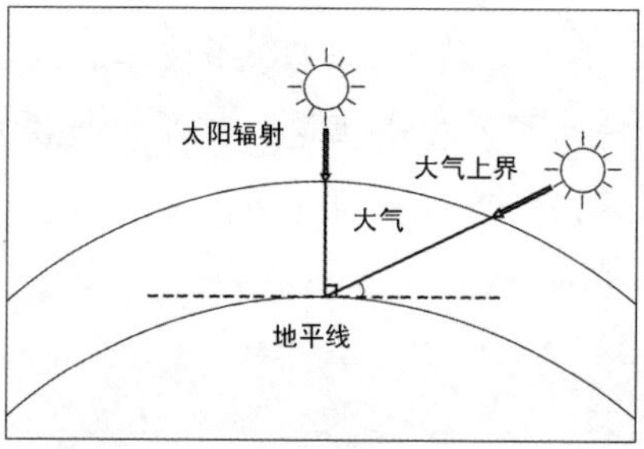

图 3－8　太阳辐射

太阳能发电技术的维护费用较低。

太阳能使用的缺点是什么？

分散性。

到达地球表面的太阳辐射总量尽管很大，但是，太阳能在全球范围内的照射密度不均匀，能流密度很低。因此，在利用太阳能时，想要得到一

定的转换功率，往往需要面积相当大的一套收集和转换设备，造价较高。

◎ 不稳定性。

由于受到昼夜、季节、纬度和海拔等自然条件的限制以及晴、阴、云、雨等随机因素的影响，所以，到达某一地面的太阳辐射量是极不稳定的，这给太阳能的大规模应用增加了难度。

◎ 效率低、成本高。

部分太阳能利用装置，因为效率偏低、成本较高，经济性还不能与常规能源相竞争。在今后相当长的一段时期内，太阳能利用的进一步发展，主要受到经济性的制约。

2. 太阳能利用不当引发的环境问题

世界上很多国家已经认识到，太阳能作为可再生能源，在持久使用环境资源为人类造福方面将起到十分巨大的作用。

在太阳能的有效利用当中，大阳能光电利用是近些年来发展最快，最具活力的研究领域。

◎ 光伏发电成本高。目前太阳能采用的是高成本的压缩空气和电池存储的存储技术，存储成本高。

光电薄膜制造如采用碲化镉技术，依赖于世界稀有金属——碲，易加重碲资源的短缺。

◎ 光伏发电中的多晶硅制造能耗高、污染大。光伏发电用到多晶硅，其生产过程耗电量巨大。

生产过程中遗留有毒废物。生产过程中产生的副产品——四氯化硅、三氯氢硅等腐蚀性极强。多晶硅的污染很大、属于高耗能和高污染产品。

◎ 太阳能电池回收难。

（六）生物质能的使用与环境

生物质能是碳循环的一个环节，光合作用将大气中的碳转化成有机物质，而碳在死亡或被氧化后会再以二氧化碳的形式回归大气。因此，使用生物质能作为燃料依然可以维持大气中碳含量的水平。

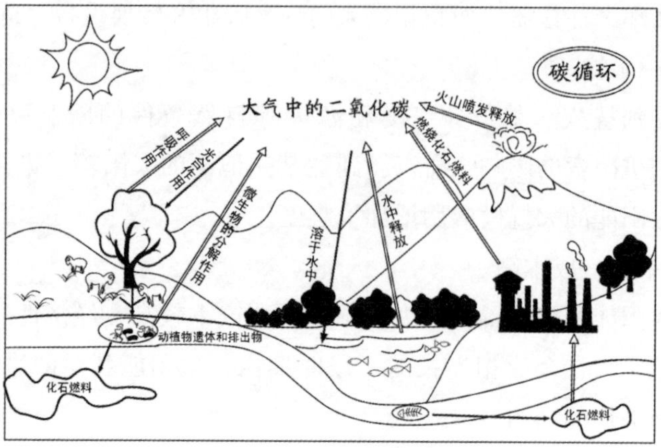

图 3－9　碳循环

1. 生物质能源的优缺点是什么？

生物质能源的优点是什么？

可再生。生物质能源是直接或间接地通过绿色植物的光合作用、以化学能形式贮存在生物质中的太阳能，具有可再生性。

低污染。生物质能硫含量、氮含量低，燃烧过程中产生热量的同时释放出二氧化碳，这些释放的二氧化碳也大致相当于其生长时需要的二氧化碳的量。

分布广泛。生物质能蕴藏在地球上所有的植物、动物和微生物等可以生长的有机物中。

沼气发电技术不仅消耗了大量生活垃圾和废弃物，而且保护了沼气生产的环境，减少了温室气体的排放，通过变废为宝使已经无效的有机物质产生了大量的能量，提供给生产生活以清洁能源，符合能源再循环利用的环保理念，还能给国家带来巨大的经济效益。

自 20 世纪 70 年代以来，为了应对日益突出的能源危机和气候变化，世界各国开始高度重视生物质能的开发和利用。20 世纪 90 年代以来，美欧等能源消费大国和巴西等农产品贸易大国开始大力发展生物质能。

生物质能源使用的缺点是什么？

◎ 回报率低。比如，沼气技术为低利润、低回报率行业，不能吸引太多的学者投身到这一领域研究、开发中，普及、产业化比较艰难。

2. 生物质能使用的环境危害有哪些？

◎ 大量燃烧生物质能，会向大气中排放大量的二氧化碳以及烟尘等微粒，不仅污染环境，而且增加温室效应，可能会助长全球变暖。

知识小链接

古代“脂”与“膏”

◎ 动物油脂是中国古代生物质能燃料的一种，不同动物的油脂叫法不同：有角的动物油称“脂”，无角的动物油称“膏”。“脂”与“膏”是中国人最早使用的照明能源之一。

秦始皇陵地宫内“以人鱼膏为烛”

——（西汉）司马迁《史记·秦始皇本纪》

“兰膏明烛，华镫错些。”

——（战国）屈原《楚辞·招魂》

兰膏明烛，华镫错些

（七）海洋能的使用与环境

1. 海洋能的特点

◎ 海洋能储量巨大。地球表面海洋总面积约为3.6亿平方公里，约占地球表面积的71%，海洋中含有13.5亿多立方米的水，约占地球上总水量的97%。有太平洋、大西洋、印度洋、北冰洋四个主要的大洋。

◎ 海洋能具有可再生性。比如，海洋的水通过蒸腾作用升到空中，又凝结降雨，汇入河流大海，因此，海洋能具有可再生性。潮汐能、波浪等都可以通过天体引力变化周而复始使用。

◎ 海洋能是清洁无污染能源。海洋能是通过潮汐、波浪、温度差、盐度梯度、海流等方式表现出来的，因此，海洋能本身是一种清洁无污染的能源，随着人类科学技术的发展，海洋能将逐渐成为21世纪的绿色新能源。

潮汐能使用的优势有哪些？

◎ 潮汐能能量来源于潮水周期性的涨落，是一种清洁、永续、可再生能源。

◎ 潮汐能的能量来源十分稳定。

◎ 不涉及人口迁移、农田淹没等经济利益问题，潮汐发电站的建设成本也较低。

海洋热能发电方式的优点有哪些？

◎ 海洋热能来自太阳能，不需要燃料，是取之不尽用之不竭的可再生能源。

◎ 海洋热能转换对环境造成的污染及破坏较石油小。

◎ 温差发电过程中产生污染甚少。

2. 海洋能使用过程中产生的环境危害有哪些？

海洋能自身是无污染的能源，但其在开发利用过程中，所使用的装置（包括其开发利用装置的安装施工、运行和到期后处理等）、技术方法、开发利用活动等，都会对海洋环境产生一定的影响。

◎ 影响水动力因素。海洋能发电装置主要是将潮汐、潮流、海流、波浪等海水运动所产生的巨大能量转化为电能加以利用。

海洋能的能量转换会影响海水的流速、流量、波高、波长、潮差等水动力要素，直接导致发电装置所在海域的水动力环境的改变。

◎ 影响海水整体环境。海洋能发电装置不仅影响其周边海域的水动力环境，比如，潮汐电站的建设使河口的水流速减慢，影响水体泥沙的沉积，改变海岸带的地形地貌，改变河口冲淤环境和海底的沉积环境。

◎ 影响海洋生物的繁衍。水动力环境、水质和沉积环境等的细微变化，都会直接影响着海洋生物栖息环境的改变；海洋能发电装置引起鱼群的聚集或者迁移；而海洋能发电装置附带产生的噪声、环境振动和电磁场影响海洋生物生存环境，从而影响海洋生物的生存繁衍。

为确保海洋能资源被科学合理的开发利用，降低甚至避免对海洋环境产业的影响，尽早开展海洋能的环境影响研究，对于推动海洋能技术向环境友好的方向发展具有重要意义。

知识小链接

丰富的海洋资源

海洋资源是海水中生存的生物，溶解于海水中的化学元素，海水波浪、潮汐及海流所产生的能量、贮存的热量，滨海、大陆架及深海海底所蕴藏的矿产资源，以及海水所形成的压力差、浓度差等。①

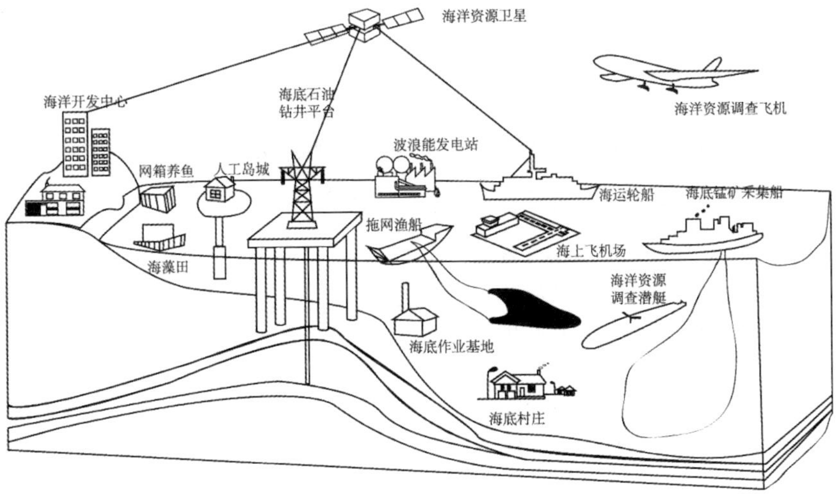

图 3－10 海洋开发

海洋提供了世界85%左右水产品，而且，海洋是矿物资源的聚宝盆，蕴含着巨大而丰富的石油、天然气、煤、铁、海滨砂矿、多金属结核和富钴锰结壳、海底热液矿藏可燃冰等资源。

① 百度百科“海洋资源”。

当代人类已经通过深海探测、深潜、海洋遥感、海洋导航等技术，对海洋进行了海底勘探、取样、水下施工等，也获得了大范围、精确的海洋环境数据，为充分利用海洋能做准备。

（八）风能的使用与环境

风源于太阳辐射，是太阳辐射在地球表面受热不匀产生大气压力差异，其在水平气压梯度作用下，空气沿着水平方向运动而形成的动能，因此，风能是太阳能转化能的一种。

1. 风能的优缺点是什么?

风能的优点是什么?

◎ 能量巨大。太阳源源不断地向地球提供热辐射，由此而产生的风能也会源源不断地生产出来，地球上风能总量巨大，风能是地球上重要的能源之一。

◎ 风能为洁净能源。风能的利用源自对地球表面因受热不匀而产生大气的水平运动，其自身具有清洁性。风能利用可以节省煤炭、石油等污染型能源，从而减少环境污染。

风能的缺点是什么?

◎ 风能能量密度低（只有水能的1/800），并且不稳定。

◎ 风力产生风能的稳定性要求高，而许多地区的风力存在间歇性。

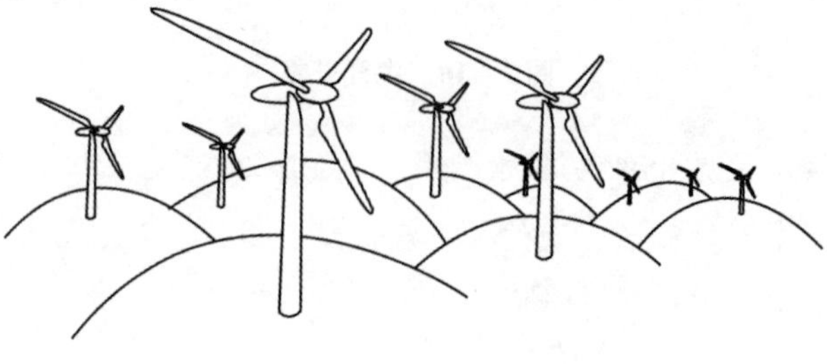

风力发电

◎ 风力发电通常采取离岸发电，但离岸发电的价格较高。

◎ 压缩空气等储能技术发展还不够，风力发电的技术还不成熟。

2. 风能使用过程中产生的环境危害有哪些？

◎ 风力发电因要建在风口处，可能干扰鸟类迁徙、生存。

◎ 建风力发电场需要大量的土地。

◎ 风力发电机发电会产生噪声。

知识小链接

风车趣谈

◎ 世界最早的风车。已知最早的风车设计可以追溯到三千年前的古代波斯，这些风车是已知最早使用风力，是开始自动替代手工进行日常劳动的装置。

◎ 风车之国。荷兰海风、陆风长年不息，有着天然的风能优势，18 世纪末，荷兰全国的风车约有 1.2 万架。

◎ 世界最大的风车。目前世界上最大的风车于 2014 年矗立在临近英国埃塞克斯郡海岸，扇叶长度达 75 米。

◎ 世界最大的 LED 风车。世界上最大的 LED 风车矗立在德国慕尼黑，共使用了 9000 颗 LED。

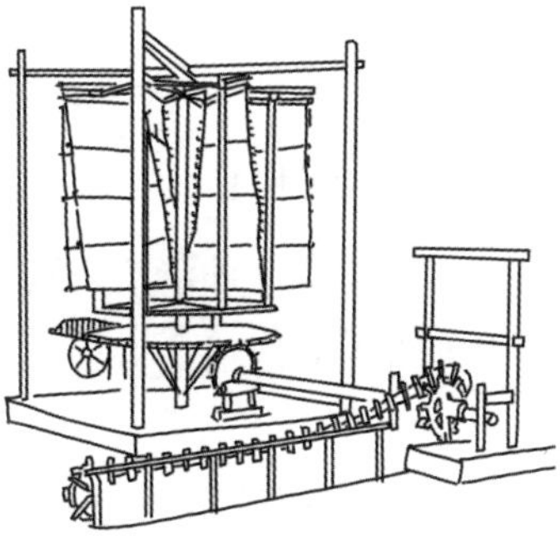

古代波斯风车

（九）氢能的使用与环境

1. 氢能的优缺点是什么？

氢能使用的优点是什么？

◎ 氢能储量丰富。氢大约占据宇宙质量的 75%，在大自然中，氢的分布很广泛：水中含有11%的氢，泥土里约有1.5%的氢，石油、煤炭、天然气、动植物体内等都含有氢，是宇宙中含量最多的元素。

氢主要存于水中，每公斤水可制备1860升氢氧燃气，若将海水中的氢提炼出来，其产生的能量，约是地球上矿物燃料能的9000倍。地球上水资源储量巨大，可源源不断地提供制氢气的原料，氢能储量极为丰富，是“取之不尽、用之不竭”的能源。

◎ 氢能燃烧热值高。每公斤氢燃烧所产生的能量为33.6千瓦小时，燃烧同等质量的氢产生的热量，约为汽油的3倍，酒精的3.9倍，焦炭的4.5倍。

◎ 氢能清洁无污染。氢燃烧后变成水，不污染环境，是一种理想的清洁能源。

◎ 适用范围广。氢气可制造氨水、化肥；氢气可应用到汽油精炼工艺、玻璃磨光、黄金焊接、气象气球探测及食品工业中；氢氧焰温度高达2800度，高于常规液气，液态氢可以作为火箭燃料。

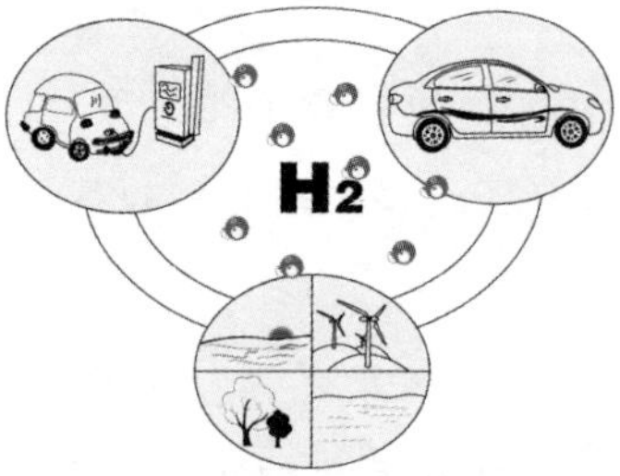

氢能

氢能作为一种清洁、高效、安全、可持续的新能源，被视为21世纪最具发展潜力的清洁能源之一，是人类的战略能源发展方向。

氢能开发和利用的劣势

◎ 氢能制造成本过高。

◎ 易挥发。氢气分子量为2，是空气的1/14，氢气是密度最小的气体，暴露于空气中，马上分散，不会聚集。

◎ 储存运输易泄漏、爆炸。如何实现廉价大规模地生产氢气是一个亟待解决的难题。

2. 氢能使用过程中产生的环境危害

◎ 制氢过程污染环境。在地球上和地球大气中只存在极稀少的游离态氢，氢能需要通过工业制取，而这一制取过程，难免产生污染性物质，造成环境污染。

以天然气、石油和煤等化石燃料制氢。

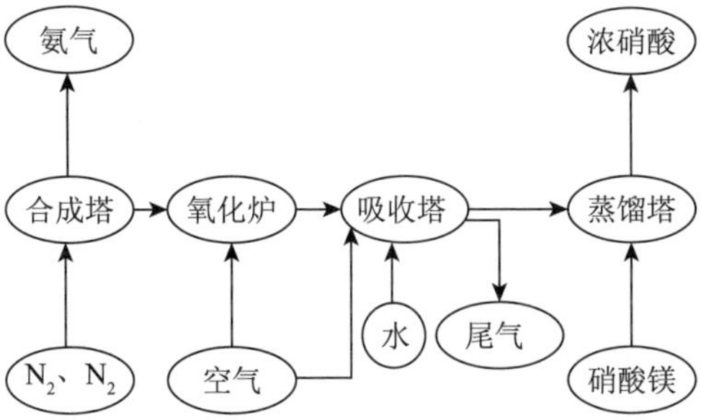

图 3－11　工业制氢

电解制氢。

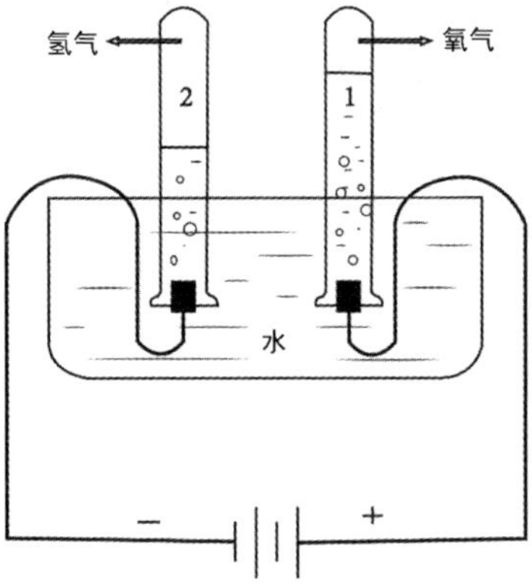

图 3－12　水电解

以天然气、石油和煤等化石燃料制氢，需要对释放的二氧化碳进行处理，否则，会加剧温室效应。

知识小链接

危险的氢气球

五彩斑斓的气球给我们的日常生活增添了色彩，带来了快乐，但是，也可能给我们带来危险。

由于气球中灌注的氢气爆炸范围和强度十分巨大，国家强调手持气球必须使用安全的氦气充填，禁止使用氢气。但是，因氢气比氦气便宜，不法商家仍旧往气球中灌注氢气，以至于近年来我国氢气球爆炸事件时有发生。

（十）地热能的使用与环境

1. 地热能的优缺点各是什么?

地热能的优点是什么?

储量巨大。地热能来源于地球内部的熔岩，储量巨大，素称第四能源。

无污染。是由地壳抽取的天然热能。

发电成本低。在清洁能源之中，地热发电的成本仅为风力发电成本的一半左右。

地热能的缺点是什么?

地热蒸汽的温度和压力都不如火力发电高，地热利用率低。

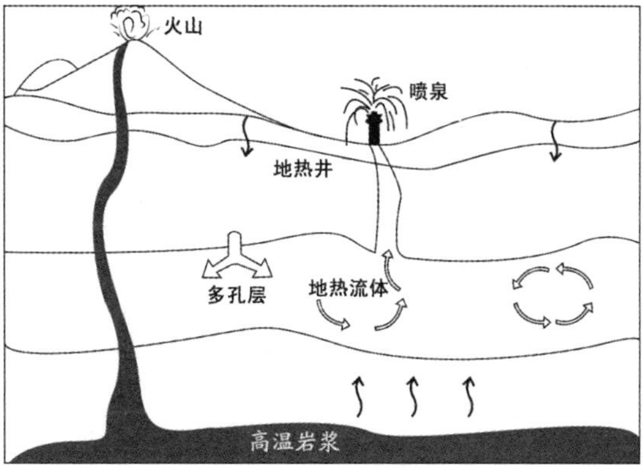

图 3－13　地热能

2. 地热能使用过程中产生的环境危害

过多取用地热发电，可能会引起取用区的地面沉降。

地热电站利用冷却塔将余热释放到大气中可避免热污染，冷却水用量多于普通电站，有可能引发地震。

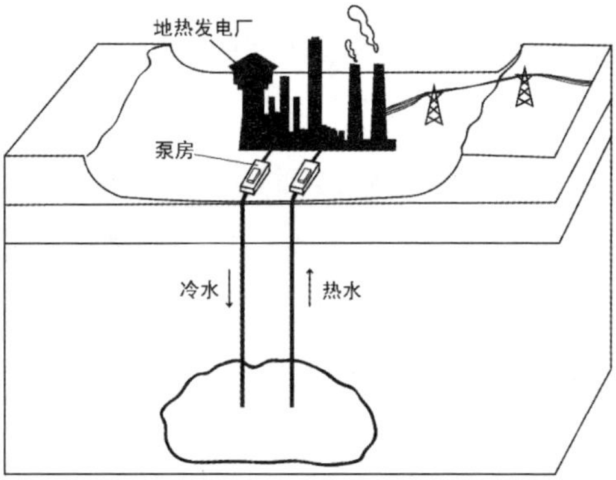

图 3－14　地热发电

地下热水氟、砷含量一般较高，如果地下热水排放不当，会造成水源的氟、砷等污染。

地热温度高于地表，容易对地表温度和地面环境形成影响，形成热污染。

从冷却塔排出的废蒸汽中可能含有硫化氢（H_2S）等有毒气体，容易造成空气污染。

地热能给我们的生活带来什么便利？

◎ 地热供暖。地热能可以直接用于采暖、供热和供热水，这是仅次于地热发电的地热利用方式。

◎ 地热务农。地热水灌溉农田、养鱼、建造温室、育秧、种菜和养花等，有利于提高农作物的产量等。

◎ 地热医疗。地热水常含有一些特殊的化学元素，具有一定的医疗效果，饮用、洗浴效果都很好。

（十一）核能的使用与环境

1. 核能的优缺点各是什么？

核能的优点是什么？

◎ 资源丰富。地球上蕴藏着数量相当可观的铀、钍等裂变资源，可以满足人类上千年的生产生活用能。

◎ 产能巨大。1 公斤铀原子核全部裂变释放出来的能量，约等于 2700 吨标准煤燃烧时所放出的化学能，核聚变反应释放的能量则更巨大。核电站只需消耗很少的核燃料，就可以产生大量的电能。核能被称为“新能源的巨人”，当今世界大约 16% 的电能是由核反应堆生产的。

◎ 输送方便。核燃料能量密度比起化石燃料高上几百万倍，故核能电厂所使用的燃料体积小，因此运输与储存都很方便。

◎ 洁净能源。核能不排放二氧化碳等气体，不会加重地球温室效应；核能发电不会排放巨量的污染物质到大气中，不会造成空气污染，是一种清洁安全高效的能源，具有很好的发展前景。

核能的缺点是什么？

◎ 放射性强。在核能发电中，核能电厂会产生高低阶放射性废料，会污染周边的一切物质，并对人民的生命安全造成危害，必须慎重处理。

热污染重。在核能发电中，工厂的热效率较低，核能电厂的热污染较严重，会造成大量热量的外放。

成本压力巨大。核能电厂投资成本太大，一般的企业在财力上无法负担；核能电厂的环保投资压力较大，一般的企业无力做好环保方面措施。总的来说，电力公司的财务风险较高，环保压力较大。

2. 核能使用过程中产生的环境危害

核辐射污染。核辐射是指放射性物质以波或微粒形式发射出的一种能量，核爆炸和核事故都有核辐射。

图 3－15　核辐射标志

容易引发核泄漏。核泄漏，是一种发生于核能反应炉故障时所产生的严重后遗症，会对生态环境及民众身心造成巨大伤害。

在人类的历史上，出现过核辐射的事情和两种类型的事件有关。其中之一是日本广岛和长崎在“二战”结束之前被美军投下的两颗原子弹所造成的核辐射，另一种就是在核电站所发生的核泄漏事件。

核废料处理不当造成危害。核废料的放射性只能靠放射性核素自身的衰变而减少，核废料处理不当会对环境和人类身心产生致命的伤害。

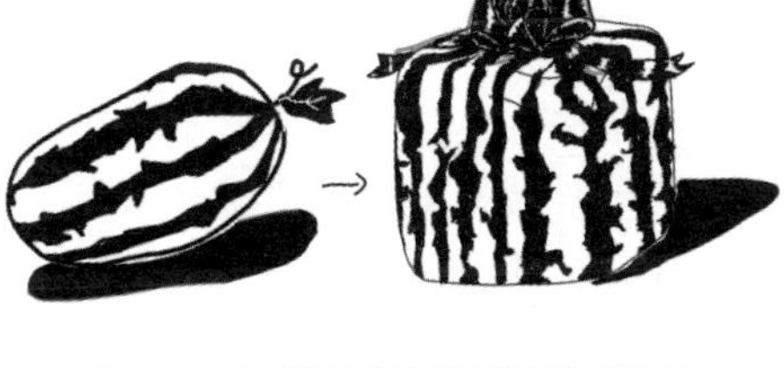

图 3－16　核辐射导致的西瓜变异

图 3－17　核辐射导致的胡萝卜变异

◎ 核能发电存在热污染。核能发电会比一般化石燃料电厂排放更多废热到环境里，核能电厂的热污染较严重。

知识小链接

核泄漏事件

◎ 切尔诺贝利核电站泄漏事故。

切尔诺贝利核电站泄漏事故
30周年

1986年4月26日

乌克兰境内的切尔诺贝利核电站4号反应堆发生爆炸

造成！

- 30人当场死亡
- 逾8吨强辐射物泄漏
- 核电站周围6万多平方公里土地受到直接污染
- 320多万人受到核辐射侵害

人类和平利用核能史上最大灾难

◎ 日本福岛核电站泄漏。

2011 年 3 月 11 日，日本发生里氏 9.0 级地震并引发强烈海啸，日本福岛核电站建筑物爆炸，造成核燃料泄漏，直接造成人类历史上自 1986 年切尔诺贝利核泄漏以来最严重的核事故。

核泄漏情况下的自我救护

◎ 隐蔽：人员停留在或进入室内，关闭门窗及通风系统。

◎ 撤离：人们由受影响地区紧急转移。

◎ 服碘防护：服用含有非放射性碘的化合物，以降低甲状腺的受照剂量。

◎ 临时避迁、永久再定居：对人员的居住地点再安置。

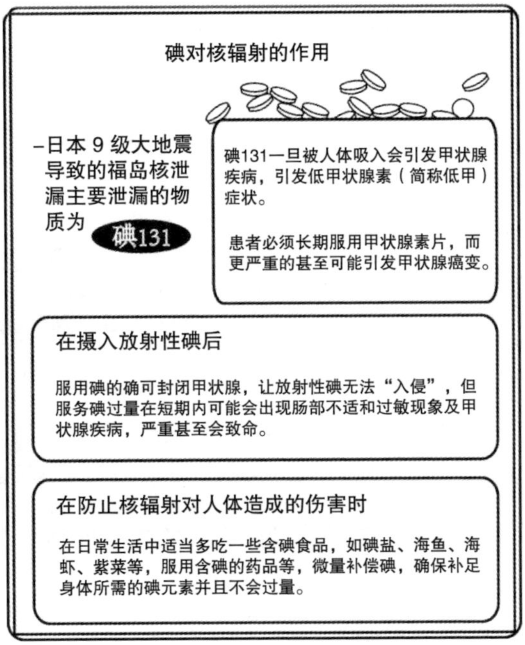

图 3－18　碘对核辐射的作用

五、能源危机

随着人类现代化进程，能源日益成为工业和人类日常生产生活须臾不能离开的“血液”，成为直接影响一个国家或地区经济乃至政治的重要因素。随着能源使用量的增加以及常规能源的紧缺性，能源安全问题成为各个国家发展的头等大事。

“能源危机”是指因为石油、电力或其他能源供应短缺或是价格上涨而对经济产生影响甚至造成经济衰退的现象。其实质是能源的有限性与人类社会发展对能源需求的无限性之间的矛盾。

（一）20世纪下半叶世界三大石油危机

第一次世界性石油危机。

1973年10月第四次中东战争爆发，1973年10月16日第一次石油危机爆发。石油输出国组织（OPEC）为打击以色列及支持以色列的国家，宣布石油禁运，暂停出口，造成油价上涨。此次石油危机极大冲击了美国等过于依赖石油的国家，加深了世界经济危机。

第二次世界性石油危机。

1978年伊朗发生推翻了亲美的巴列维王朝的革命，引发社会动荡。1980年9月20日伊拉克空军轰炸伊朗，两伊战争爆发。

在20世纪70年代末至80年代初，爆发第二次世界石油危机，世界石油产量剧减，石油缺口巨大，供求关系紧张，国际油价飙涨，使严重依赖于石油的西方国家的经济遭受沉重打击。

第三次世界性石油危机。

1986年，石油价格下跌，冲击世界经济和金融体系，第三次石油危机爆发。此次石油危机使中东阿拉伯国家的石油权力丧失殆尽，在国际权力争夺战中西方国家获得主动。

（二）爆发于世界石油主产区的主要战争

当今世界，谁控制了能源谁就掌握住了发展的主动权，谁掌控了世界石油主产区谁就拥有发展的主动权，因此，世界石油主产区成为某些世界大国觊觎之地，直接或间接，由此而在世界石油主产区引发了一系列的战争。

两伊战争。

两伊战争（1980 年 9 月 22 日至 1988 年 8 月 20 日）伊朗和伊拉克之间因边境纠纷、宗教矛盾、民族仇恨等引发的一场长达 8 年的边境战争，又称为“第一次波斯湾战争”。

海湾战争。

从 1990 年 8 月 2 日伊拉克入侵并占领邻国科威特起，到 1991 年 1 月 17 日以美国为首的多国部队掀起“沙漠风暴”爆发海湾战争至 1991 年 2 月 28 日伊拉克全部无条件接受联合国有关十二项决议从科威特撤军止。科威特全国 1200 口油井中的 200 口遭到严重破坏，600 口井被伊拉克军队点燃，是以争夺石油为主的战争。

伊拉克战争。

2003 年 3 月 20 日至 2011 年 12 月 18 日爆发的以英美军队为主的联合部队借反恐为借口清除反美政权而对伊拉克发动的军事行动，是 1990 年海湾战争的继续，也被称为“第二次海湾战争”。

如果人们不能及时意识到能源危机的必然性，不积极开发利用新能源、不注意节约能源，那么能源危机将是不可避免的。能源危机自始就存在，当代尤为明显。

六、 能源安全

（一）什么是能源安全?

传统意义的“能源安全”。20 世纪 70 年代，“能源安全”指用可以承受的价格获得充足的能源供给。

当今的“能源安全”。当今的“能源安全”主要包括能源建设、能源开发安全、能源供应安全、能源运输安全、能源利用安全、能源消费安全等内容。

（二）能源安全举措有哪些?

当今人类在能源的供应、需求、运输、使用等方面面临着综合性的风险与威胁，为保证能源安全，需要从三个方面努力：

增加能源供给总量。多措并举，积极开发新能源，以确保能源供应。

提高能源使用率。鼓励和引导能源产业技术升级，进一步提高能源在使用过程中的效率，减少能源无关损耗。

减少能源废物产出。充分做到垃圾减量和资源回收利用，充分利用能源资源。

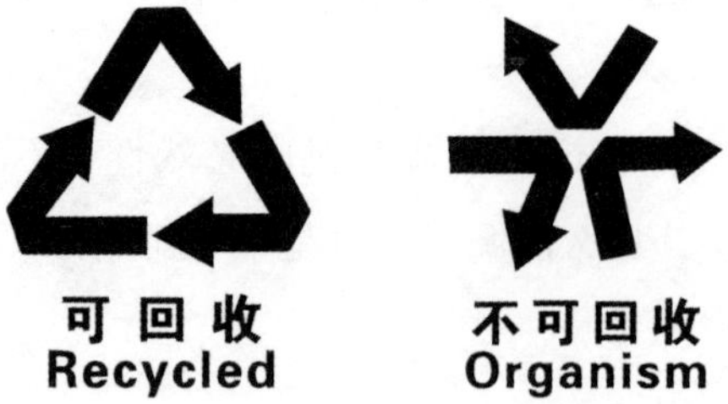

知识小链接

古代中国节能枚举

古代建筑在选址上往往遵循“负阴抱阳”“背山面水”的规律，这种空间布局充分利用了光、热、风等自然资源，使整个居住场所得到了充足的日照，可以有效地躲避寒风，减轻了潮湿，是一种遵循能量循环法则的节能方法。

七、 能源的可持续发展

“能源可持续发展”是根据现有能源的特点及新能源未来发展的潜力，合理调整能源使用结构，积极研发利用新能源，优化能源结构，增强能源供给能力和使用效率，实现能源的可靠供给与能源安全，能为生产生活带来源源不断的动力。

第四章　能源革命

同学们，什么是能源革命？人类至今发生了多少次能源革命？各个能源革命都实现了什么变革？这是本章要探讨的问题。

“能源革命”就是人类为了更好地利用能源，在能源的开发和利用方式上所做的探索和对能源束缚的突破，从而实现新能源对传统能源的替代。每一次能源革命都将生产力推进到一个新的水平，促使人类不断进步。人类前进的历史就是不断发生能源革命的历史。

到目前为止，人类历史上总共经历了三次能源革命。

一、第一次能源革命

人类学会钻木取火，从此告别愚昧，这一时代，人类能源主要以薪柴等生物质能源乃至畜力、人力等为主，第一次能源革命将人类带入“薪

柴时代”（或“植物能源时代”），主要对应的是农耕文明。

知识小链接

东西方关于火的神话故事

燧人钻木取火。

在远古蛮荒时期，人们不知道有火，也不知道用火。到了黑夜，四处一片漆黑，野兽的吼叫声此起彼伏，人们蜷缩在一起，又冷又怕。由于没有火，人们只能吃生的食物，经常生病，寿命也很短。

天上有个大神叫伏羲，他看到人间生活得这样艰难，心里很难过，他想让人们知道火的用处。于是伏羲大展神通，在山林中降下一场雷雨。随着“咔”的一声，雷电劈在树木上，树木燃烧起来，很快就变成了熊熊大火。人们被雷电和大火吓着了，到处奔逃。不久，雷雨停了，夜幕降临，雨后的大地更加湿冷。逃散的人们又聚到了一起，他们惊恐地看着燃烧的树木。这时候有个年轻人发现，原来经常在周围出现的野兽的嚎叫声没有了，他想：“难道野兽怕这个发亮的东西吗？”于是，他勇敢地走到火边，他发现身上好暖和呀。他兴奋地招呼大家：“快来呀，这火一点不可怕，它给我们带来了光明和温暖！”这时候，人们又发现不远处烧死的野兽，发出了阵阵香味。人们聚到火边，分吃烧过的野兽肉，觉得自己从没有吃过这样的美味。人们感到了火的可贵，他们拣来树枝，点燃火，保留起来。每天都有人轮流守着火种，不让它熄灭。可是有一天，值守的人睡着了，火燃尽了树枝，熄灭了。人们又重新陷入了黑暗和寒冷之中，痛苦极了。

大神伏羲在天上看到了这一切，他来到最先发现火的用处的那个年轻人的梦里，告诉他：“在遥远的西方有个燧明国，那里有火种，你可以去那里把火种取回来。”年轻人醒了，想起梦里大神说的话，决心到燧明国去寻找火种。

年轻人翻过高山，涉过大河，穿过森林，历尽艰辛，终于来到了燧明国。可是这里没有阳光，不分昼夜，四处一片黑暗，根本没有火。年轻人非常失望，就坐在一棵叫“遂木”的大树下休息。突然，年轻人眼前有亮光一闪，又一闪，把周围照得很明亮。年轻人立刻站起来，四处寻找光源。这时候他发现就在遂木树上，有几只大鸟正在用短而硬的喙啄树上的虫子。只要它们一啄，树上就闪出明亮的火花。年轻人看到这种情景，脑子里灵光一闪。他立刻折了一些遂木的树枝，用小树枝去钻大树枝，树枝上果然闪出火光，可是却着不起火来。年轻人不灰心，他找来各种树枝，耐心地用不同的树枝进行摩擦。终于，树枝上冒烟了，然后出火了。年轻人高兴地流下了眼泪。

年轻人回到了家乡，为人们带来了永远不会熄灭的火种——钻木取火的办法，从此人们再也不用生活在寒冷和恐惧中了。人们被这个年轻人的勇气和智慧折服，推举他做首领，并称他为“燧人”，也就是取火者的意思。①

◎ 普罗米修斯盗火。

传说地球上本没有火种，那时人类的生活非常困苦。没有火烧烤食物，只好吃生的东西；没有火来照明，就只好在那无边的黑暗中，度过一个又一个漫长的夜晚……

众神之王宙斯同意把火种给人类，但是他要求人类必须用一头牛来做献祭。普罗米修斯想出一个妙计。给宙斯献祭的时候，普罗米修斯给宙斯的牛被分成两部分：第一部分是生的牛肉，但没有牛皮；第二部分是皮包着骨头，但是浇上了香香的牛油。宙斯一眼就识破了普罗米修斯的计谋，生气地说：“我拒绝把最重要的东西给人类，那就是火！”

普罗米修斯为了给人类造福，就冒着生命危险，从太阳神阿波罗那里偷走了一个火种。主神宙斯站在奥林匹斯圣山上，发现人间烟火袅袅，立刻追查是谁盗走了天火。当他得知是普罗米修斯触犯了天规，便大发雷霆，决定要狠狠惩罚他。但是火神很敬佩普罗米修斯，悄悄地对他说：

---

① 百度百科，http：//baike. baidu. com/燧人钻木取火。

“只要你向宙斯承认错误，归还火种，我一定请求宙斯饶恕你。”普罗米修斯摇摇头，坚定地说：“为人类造福，有什么错！我可以忍受各种痛苦，但决不会承认错误，更不会归还火种！”

宙斯派天神用沉重的铁链把普罗米修斯锁在高加索山的悬崖绝壁上，让他经受烈日暴雨的折磨。就是这样，宙斯还觉得不解恨，又派了一只嗜血之鹰，每天去啄食普罗米修斯的肝脏。可是，每当嗜血之鹰啄食以后，普罗米修斯的肝脏又会奇迹般的复原。①

二、 第二次能源革命

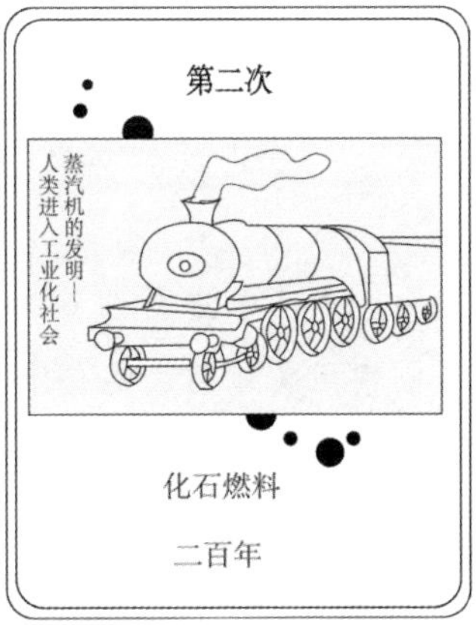

1782年的英国人瓦特改良蒸汽机，通过蒸汽机与内燃机提供动力，人类能源逐渐从薪柴扩展到煤炭、石油等化石能源，开启了现代化大生产时代，宣告人类进入“化石能源时代”。

化石能源时代又大致分为三个时代。

蒸汽时代。18世纪60年代人类开始了工业革命，蒸汽机的发明使人类进入“蒸汽时代”，到20世纪中叶，煤炭成为世界的主要能源，冶铁业盛极一时。

① 百度百科，http：//baike. baidu. com/普罗米修斯盗火。

知识小链接

瓦特发明蒸汽机

在瓦特的故乡——格林诺克的小镇，家家户户一到饭点就要烧火做饭，这时候，总要烧上一壶水。烧水这么小的事情，一般来说，又有谁会留心呢。不过，瓦特有一次在厨房里看祖母做饭，在他面前的火灶上烧着一壶开水。这时候，开水在沸腾着，水壶上的壶盖发出啪啪啪的声响，在壶口一蹦一蹦的。瓦特觉得很有意思，他看了老半天，很奇怪为什么茶壶会跳。他猜不透这是为什么，就问自己的祖母，“为什么壶盖会跳呢？”

瓦特的祖母告诉他：“水一旦烧开了，壶盖就会跳”。

瓦特听了之后，又追问她：“水开了壶盖就要跳动吗？有什么东西推动它吗？”

祖母有太多事情要做了，没有办法更细致地去回答瓦特，她对瓦特说：“不知道！你们小孩子刨根问底地问这些有什么意思呢？”

祖母没有给予瓦特答案，但他想知道这个事情的原因。

连着好些天，每当到了饭点的时候，瓦特就蹲在火炉旁，细致地观察着壶盖跳动的情况。火刚刚开始给水壶里的水加热的时候，壶盖是很平稳的。不过，加热一会儿之后，水壶就会发出哗哗的响声。再过一小会儿，水壶里的蒸汽就冒起来，推动壶盖跳动。水蒸汽冒着，壶盖也就不停地跳动着。瓦特看出来壶盖跳动的原因，他高兴坏了，接下来，他把壶盖揭开又盖上，盖上又揭开。他还把其他东西遮在水蒸汽喷出的地方来看会不会冒起来。

瓦特终于弄清楚了，是水蒸汽在推动壶盖跳动。

后来，瓦特在一七六九年把蒸汽机改成为发动力较大的单动式发动机。经过多次研究，瓦特又于一七八二年完成了新的蒸汽机的试制工作，使机器上有了联动装置，把单式改为旋转运动，蒸汽机终于成型。

此后，蒸汽时代，终于到来了。

电气时代。电灯、电话等的发明，将人类带入“电气时代”。在这一时代，汽车、飞机问世。

知识小链接

静电振国王

18世纪中叶，研究静电、探索静电的人越来越多啦。当时，荷兰莱顿城有两位有名的研究者叫马森布罗克和科内乌斯。1746年的时候，他们有一个新发明，这个发明不仅能产生大量的静电，而且可以把大量的静电收集后贮存起来。

一天，他们开始用这个装置做实验，谁知，正当他们把起电器和瓶子连接起来的时候，收集静电的盛水瓶子竟发生了剧烈的振动，从马森布罗克的手中掉了下来。

后来，马森布罗克在给朋友的书信中渲染这一场面时说：“你不知道，当时的那种振动，恐怕连法国国王也会受不了的。”谁知荷兰人马森布罗克的一句戏言传到了法国，引起了法国科学家的注意。一天，法国的物理学家夏恩·雷诺真的在法国国王面前做了一个实验。不过，他不是让国王亲手端着盛水的瓶子，而是让100名士兵手拉手站成一排，让第一名士兵和起电器接触，用身体当收集静电的盛水瓶子。结果，100名士兵都体会到了麻酥酥的触电滋味，国王看完实验后开怀大笑。

知识小链接

法拉第发明发电机

一八二零年，哥本哈根大学的奥斯特教授通过多次实验证实电流存在磁效应。这一发现从北欧传到西欧之后，引起了无数有志于此研究的学者的关注。

法拉第是英国的一个物理学家，他对电和磁的关系特别感兴趣。他反复尝试了奥斯特的电流磁效应的实验。果然，只要电流通过导线，导线就会产生磁场，并使附近的磁针发生偏转。

当时，随着世界经济的发展，文化思想也跨国传播开来。辩证法的思维已传入英国，并深深影响了很多科学家。法拉第也因此认为电与磁是相互联系并可以相互转化的。

法拉第认为，电生磁，那么磁也能生电。为了证明自己的想法，从一八二一年开始，法拉第就开始不断做磁产生电的实验。

功夫不负有心人，十年之后，法拉第设计了出一种实验：通过切割磁场线的方式，把一块条形磁铁插入一只缠着导线的空心圆筒里，这时候连着导线的电流计上出现了微弱的电流数据。他的想法终于实现了，之后，他又通过各种各样的实验，其产生不同的变化以相同的原理产生电流。

这就是法拉第电磁感应定律产生的过程，法拉第据此发明了世界上第一台发电装置。

如今，所有人的生活也离不开电，法拉第拉开了电气时代的帷幕，并深刻地改变着人们的生活。

知识小链接

发电机的使用

1873 年，在维也纳博览会上发生了一个偶然事件，原来一位不知名的工作人员在为参观博览会的人作表演时偶然把两台发电机连在了一起，这时候其中一台发电机产生的电流通过了另一台发电机的线圈，结果后一台发电机竟在第一台发电机提供的电力下，呼呼地旋转起来，成了一个电动机。

发电机能做电动机运行的发现在博览会上引起了轰动。工作人员为了公开表演这一奇异发现，特意用自来水布置了一个小型人工瀑布，即用瀑布的水力驱动发电机，然后让第一台发电机发出的电流通过第二台发电机的线圈，使它成为电动机，这台电动机再带动一个水泵喷水。

这是电磁感应的电动机第一次出现，此后，发电机驱动的各种电动机逐步开始出现，并使用至今。

◎ 油气时代。20 世纪 20 年代，石油成为内燃机的动力，石油动摇了煤炭的主体地位，成为人类重要能源。

第二次能源革命主要是化石能源作为时代主要能源。

知识小链接

欧佩克组织

欧佩克是石油输出国组织的音译，其英文为 OPEC（Organization of Petroleum Exporting Countries）。欧佩克成立于 1960 年 9 月 14 日，1962 年 11 月 6 日在联合国秘书处正式备案，成为对世界石油发展举足轻重的国际组织。欧佩克成立的宗旨是协调和统一欧佩克成员各国的石油政策，统一起来以维护各自和共同的石油利益。欧佩克现有 14 个成员国：沙特阿拉伯、伊拉克、伊朗、科威特、阿拉伯联合酋长国、卡塔尔、利比亚、尼日利亚、阿尔及利亚、安哥拉、厄瓜多尔、委内瑞拉、加蓬和印度尼西亚。

欧佩克成立六十年来，在以往的多次石油危机中均发挥了巨大影响力。但 2012 年以来，世界经济持续低迷，欧佩克组织对其内部成员国的影响力和约束力持续低迷，这几年以来的发展较不理想。

知识小链接

王进喜的故事

石油工人王进喜在北京开会的时候，看到大街上跑着的公共汽车车顶上背个大气包。他便问别人："背那家伙干啥？"人们告诉他："因为没有汽油，公共汽车上烧的是煤气。"这话深深刺痛了他。原来这么个大中国，竟然会连公共汽车都没有油用。

一九六零年春，我国发现了大庆油田，为了让大庆油田的石油挖掘出来并造福人民，一场规模空前的石油大会战随即在大庆展开。王进喜率领着的钻井队也被抽调过来了，加入了这场石油大会战。到大庆之后，摆在王进喜面前的是无数的困难：路没修好，车不够，吃饭住宿都成问题。但王进喜和所有的石油人都下定决心，无论是多大的困难，也要为了人民高速度、高水平地拿下大油田。

后来，钻机是到了，可吊车总不够用，让人犯愁的是几十吨的设备要怎么才能够从车上卸下来？后来，王进喜等所有石油人用滚杠加撬杠，靠一双坚毅的手和厚实的肩膀，奋战三天三夜，终于使38米高、22吨重的井架迎着寒风矗立在大庆油田上。

等到钻机要开钻的时候了，该用的水管还远远没有接通。王进喜振臂一呼，带领石油人们到附近水泡子去破冰取水，他们硬是用脸盆、水桶装满了水，一盆盆、一桶桶地往井场端了50吨水。经过艰苦奋战，仅用五天四小时就钻完了大庆油田的第一口生产井。此后，又苦干五天五夜，打出了大庆第一口喷油井。

随后的十个月里，王进喜率领两个钻井队克服重重困难，双双达到了年进尺10万米的奇迹。在那些日子里，几百斤重的钻杆砸伤了他的腿，他拄着双拐继续指挥；一天，突然出现井喷，没有压井用的重晶粉，就用水泥代替，成袋的水泥倒入泥浆池却搅拌不开，他就甩掉拐杖，奋不顾身跳进齐腰深的泥浆池，用身体搅拌。

王进喜为发展祖国的石油事业日夜操劳，终致身心交瘁，积劳成疾，一九七零年病逝，年仅四十七岁。

今天，中国已经成为现代化石油大国，我们高度重视安全生产、科学生产、效率生产。但20世纪六七十年代的中国一穷二白，正是有了像王进喜这样的前辈石油人一个接一个的奋力拼搏，才让中国逐渐强大起来，这些精神永远激励着我们。

三、第三次能源革命

第三次能源革命，是以新能源（如核能）和可再生能源（包括水电能、生物质能、太阳能、风能、地热能、海洋能和氢能等）逐步代替矿物能源的时代。第三次能源革命也就是新能源及可再生能源的时代。

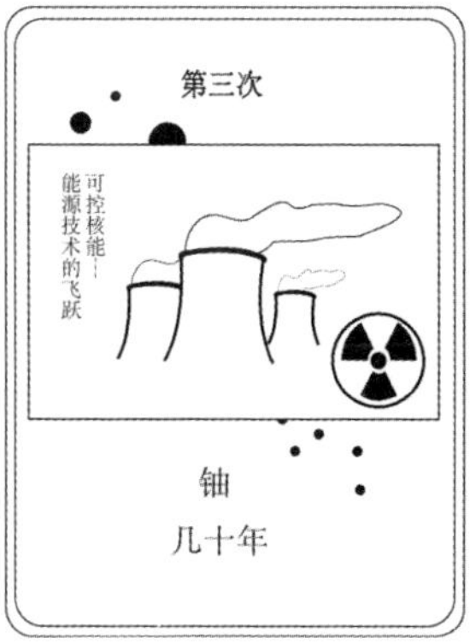

知识小链接

伦敦烟雾事件

一九五二年十二月四日至九日，伦敦上空气流受高压系统控制，工厂生产和居民燃煤取暖排出的各种废气难以扩散，就这样，废气积聚在城市上空。很快，伦敦城就被黑暗的迷雾所笼罩，轿车也不敢在街上跑了，人们只能够沿着人行道边缘小心谨慎地摸索前进。这时候，大街上的电灯在烟雾中若明若暗，在黑暗中也不能起到很大作用。直至十二月十日，强劲的西风吹过，吹散了当时笼罩在伦敦上空的恐怖烟雾。

在大雾持续的5天时间里，烟雾中的污染物浓度持续上升，许多人出现胸闷、窒息等不适感，发病率和死亡率急剧增加。据官方统计，5000多人因此丧生，大雾过去两个月内，有8000多人因为烟雾相继死亡。此次事件被称为“伦敦烟雾事件”，成为20世纪十大环境公害事件之一。

此次伦敦烟雾事件，是二次能源革命以来的以化石能源为主要能源的生产生活活动所产生雾霾所造成的。当前中国有部分地区也面临着这一困扰，一年中过半的天数中出现了雾霾天现象。而面对雾霾的袭来，只有大力发展新能源，彻底实现第三次能源革命，方能使雾霾离人们远去。

知识小链接

20 世纪世界十大环境污染事件①

1. 1930 年比利时“马斯河谷烟雾事件”，这是20 世纪最早记录的公害事件。

2. 1943 年美国的“洛杉矶光化学烟雾事件”。

3. 1948 年美国的“多诺拉烟雾事件”。

4. 1952 年英国的“伦敦烟雾事件”。

5. 1953—1956 年日本的“水俣病事件”。

6. 1955—1972 年日本的“骨痛病事件”。

7. 1968 年日本的“米糠油事件”。

8. 1984 年印度的“博帕尔事件”。

9. 1986 年苏联的“切尔诺贝利核泄漏事件”。

10. 1986 年因瑞士巴塞尔市桑多兹化工厂仓库失火而导致的“剧毒物污染莱茵河事件”。

① 20 世纪世界十大环境污染事件，百度知道 https：//zhidao. baidu. com

第五章　能量转换

同学们，“能量”的存在形式有哪些？什么是能量转换及守恒？这是本章我们要探讨的主要问题。

一、“能量”的存在形式

大家来想一想下面图片中的各种物体是靠什么运动的？

火箭

龙卷风

热气球

风筝

太阳能板和风车

核爆炸

图片中的各个物体靠能量运动。

什么是“能量”？“能量”是质量的时空分布可能变化程度的度量，用来表征物理系统做功的本领。

能量分类。按照物质的不同运动形式，可将能量分为动能、势能、热能、电能、核能、光能、化学能等。

二、能量的转换及守恒

能量转换。自然界中各种不同形式的能量之间可以通过物理或化学反应相互转化，从而实现不同物体间能量转移。

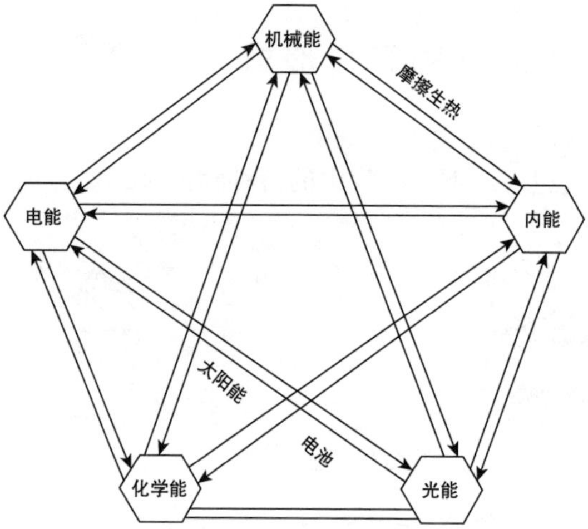

图 5－1　能量转化

重力势能转化为动能。

望庐山瀑布

（唐）李白

日照香炉生紫烟，遥看瀑布挂前川。

飞流直下三千尺，疑是银河落九天。

（唐）李白

庐山瀑布“飞流直下三千尺”的壮观景象就是重力势能转化为动能。

（唐）杜甫

登高

（唐）杜甫

风急天高猿啸哀，渚清沙白鸟飞回。
无边落木萧萧下，不尽长江滚滚来。
万里悲秋常作客，百年多病独登台。
艰难苦恨繁霜鬓，潦倒新停浊酒杯。

“无边落木萧萧下，不尽长江滚滚来”说的是重力势能转化为动能。

弹性势能转化为动能。

（宋）苏轼

江城子·密州出猎

（宋）苏轼

老夫聊发少年狂，左牵黄，右擎苍。
锦帽貂裘，千骑卷平冈。
为报倾城随太守，亲射虎，看孙郎。
酒酣胸胆尚开张，鬓微霜，又何妨？
持节云中，何日遣冯唐？
会挽雕弓如满月，西北望，射天狼。

“会挽雕弓如满月，西北望，射天狼”的诗句中，拉弓射箭是弹性势能转化为动能。

能量守恒。

能量既不会凭空产生，也不会凭空消失，只能从一个物体传递给另一个物体，而且能量的形式也可以互相转换。这就是能量守恒定律。

图 5-2 能量转换和守恒

第六章　能源战略

同学们，什么是能源结构？当前世界能源结构怎么样？世界能耗情况怎么样？人类的能源结构调整会走向何方？新能源政策有哪些？这是本章要探讨的内容。

由于经济发展和人口增长的影响，对能源的需求逐步增加，如何科学解决能源短缺、能源替代、能源开发、能源利用的污染等问题，实现能源使用的低碳、清洁环保、高效、多元化已经迫在眉睫，“能源战略”就是指导能源利用、发展的事关全局的计划、策略。

一、当前世界的能源使用状况

（一）什么是能源结构？

“能源结构”指能源总生产量或总消费量中各类一次能源、二次能源的构成及其比例关系。

（二）当前世界能源结构怎么样？

20 世纪 60 年代以来，世界能源结构格局从煤炭、石油为主转化为煤、石油、天然气为主。目前，世界主要发达经济体中，石油、天然气、煤炭占据了能源消费结构绝大部分（70% 以上）的消耗，其中，石油占据主体地位，约占一半，其次是天然气、煤炭。化石能源仍旧是主要的消费能源。

表 6－1　2001—2014 年我国能源消耗总量及构成表

年份	能源消耗总量（亿吨标准煤）	能源消费量比重（%）			
		煤炭	石油	天然气	水电、核电、风电
2001	15.0	68.3	21.8	2.4	7.5
2002	15.9	68.0	22.3	2.4	7.3
2003	18.4	69.8	21.2	2.5	6.5
2004	21.3	69.5	21.3	2.5	6.7
2005	23.6	70.8	19.8	2.6	6.8
2006	25.9	71.1	19.3	2.9	6.7
2007	28.1	71.1	18.8	3.3	6.8
2008	29.1	70.3	18.3	3.7	7.7
2009	30.7	70.4	17.9	3.9	7.8
2010	32.5	68.0	19.0	4.4	8.6
2011	34.8	68.4	18.6	5.0	8.0
2012	36.2	67.4	19.0	5.3	8.3
2013	41.7	66.0	18.4	5.8	9.8
2014	42.6	66.0	17.1	6.2	10.7

资料来源：国家统计局。

中国的主要能源是化石能源，中国的能源结构是以化石能源为主。

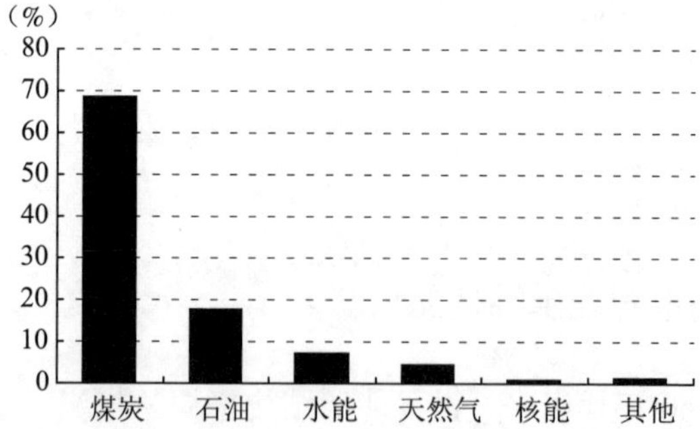

图 6－1　2012 年我国能源消费结构图

与世界各发达经济体的能源消费结构相比，中国能源消费结构具有煤炭消费过高和天然气消费过低的特点。

二、世界的能耗情况如何？

“能耗”是生产过程中或产品所需要的能源，人均能耗越多，这一国家通过能源消耗而获得的财富越多。

表 6－2　1990—2012 年部分国家人均能耗①

单位：吨标准煤/人

国家 \ 年份	1990	2000	2005	2009	2010	2011	2012
美国	10.94	11.50	11.27	10.05	10.21	10.03	9.67
加拿大	10.76	11.71	12.10	10.76	10.55	10.43	10.37
俄罗斯	8.50	6.03	6.50	6.51	7.07	7.36	
德国	6.33	5.86	5.98	5.56	5.72	5.54	5.38
法国	5.50	5.93	6.28	5.68	5.78	5.55	5.51
英国	5.14	5.41	5.56	4.55	4.65	4.28	4.35
日本	5.08	5.84	5.91	5.30	5.57	5.16	5.07
意大利	3.69	4.30	4.53	3.91	4.02	3.94	3.75
西班牙	3.30	4.33	4.77	3.94	3.96	3.89	3.87
韩国	3.10	5.72	6.31	6.72	7.31	7.47	7.49
世界平均	2.39	2.36	2.53	2.57	2.68	2.68	
墨西哥	2.15	2.11	2.43	2.32	2.35	2.44	2.49
中国	0.87	1.15	1.81	2.30	2.43	2.59	2.67
印度	0.53	0.64	0.70	0.84	0.84	0.86	

从上表可以看出，美国及西方发达国家的能耗普遍高，中国人均能耗低，但中国由于人口数量庞大，2013 年，中国成为世界上能源消耗总量最大的国家，2014 年我国能源消耗总量已达到惊人的 42.6 亿吨标准煤。如果中国人均能耗达到美国标准，则需要 9 个地球提供能源。这也说明了以

① 表中数据根据国际能源署相关数据获得，中国数据来自于《中国能源统计年鉴（2012）》及《中国能源统计年鉴（2013）》并经折算而得到。

煤、石油等化石能源的高消耗是一种不可持续的发展模式。

三、人类的能源结构调整会走向何方？

人类需要研发并利用合适的新能源，从而改变当下能源结构，逐步从能源使用的粗放型、低效型转变为节约型、高效型；从黑色、高碳能源转向绿色、低碳能源，发展低成本、低耗能、低污染的新能源和可再生能源是未来整个人类社会发展的方向。

四、新能源政策有哪些？

（一）新能源政策有哪些？

截至目前，全球已有超过 130 个国家实施了新能源扶持政策，新能源产业已成为全球化的产业。

欧洲新能源政策主要是政府给予资金支持，同时通过市场竞争进行。

中国的新能源政策主要表现在政府加强各省、市、地区对新能源的使用力度上。

中国新能源已经占到了总能源的 10.4%、新能源发电量占总发电量的 5.6%，中国将进一步扩大新能源占比、推动中国能源结构转型，这离不开有关政策的推进。

（二）什么是节能产业？

节能产业是指尽可能地减少能源消耗量的产业。

风电、太阳能、新能源汽车等已经成为当代环保节能的产业。

中国节能产业近年来发展十分迅速，目前，光伏产业、新能源汽车等产业及新能源汽车技术都已经成为世界最顶尖行业，发挥着行业带头作用。

节能产业

（三）中国的世界能源供应点是什么？

随着时代的发展，生活用电、用水、开车、军工产业等生活与战争的各方各面都离不开能源，能源安全能否保障，决定我国在面临危险的时候能否切实掌握自身命运。

国家电网公司提出建立全球能源互联网，主要是以特高压电网为骨干网架（通道）、以输送清洁能源为主导、全球互联的智能电网，由跨洲、跨国骨干网架和各国各电压等级电网构成，连接“一极一道”（北极、赤道）和各洲大型能源基地，适应各种分布式电源接入需要，能够将风能、太阳能、海洋能等可再生能源输送给各类客户。这是能源互联网发展的高级阶段，为能源互联网发展带来了新的机遇。①

① 全球能源互联网——能源互联的高级阶段。

中国在世界各地建立能源供应点，以保障能源供应。

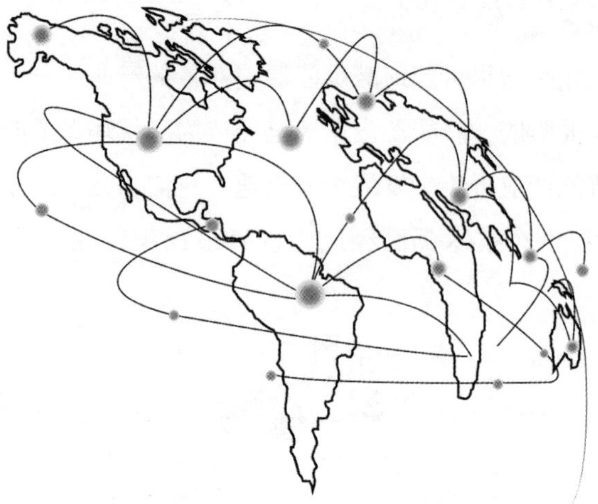

图 6－2　中国在世界各地建立能源供应点

（四）什么是首席能源官？

首席能源官是国家为应对气候变化、能源安全、节能减排、可持续化发展战略而培养的能源方面国际化、专业化人才，这是一个新兴职业。

知识小链接

什么是“河长制”？①

由江苏省无锡市首创。它是在太湖蓝藻暴发后，无锡市委、市政府自加压力的举措，所针对的是无锡市水污染严重、河道长时间没有清淤整治、企业违法排污、农业面源污染严重等现象。

“河长制”，即由各级党政主要负责人担任“河长”，负责辖区内河流的污染治理。

“河长制”是从河流水质改善领导督办制、环保问责制所衍生出来

① 河长制 http：//baike. baidu. com

的水污染治理制度，目的是为了保证河流在较长的时期内保持河清水洁、岸绿鱼游的良好生态环境。通过河长制，让本来无人愿管、被肆意污染的河流，变成悬在“河长”们头上的达摩克利斯之剑，在中国“水危机”严峻的当下，似乎是一个催生河清水绿的可行制度。

2016 年 12 月，中共中央办公厅、国务院办公厅印发了《关于全面推行河长制的意见》，并发出通知，建立四级河长体系，省级主要领导任总河长，要求各地区各部门结合实际认真贯彻落实“河长制”。

第七章　日常用能、节能技术

同学们，你们知道有关日常节能、用能、防灾的有用的小知识吗？这一章，我们就汽车如何节油、如何节约用水、如何预防台风、如何躲避雷雨、如何减少手机和电脑辐射等问题展开探讨。

一、节能篇

（一）汽车省油小窍门

按时保养车辆

按时对车辆进行保养是节油的关键。

要经常清理空气滤清器，保证进气系统畅通。

按时检查点火系统，定期更换火花塞。

定期清洗燃油系统和发动机内部等。

检查轮胎气压

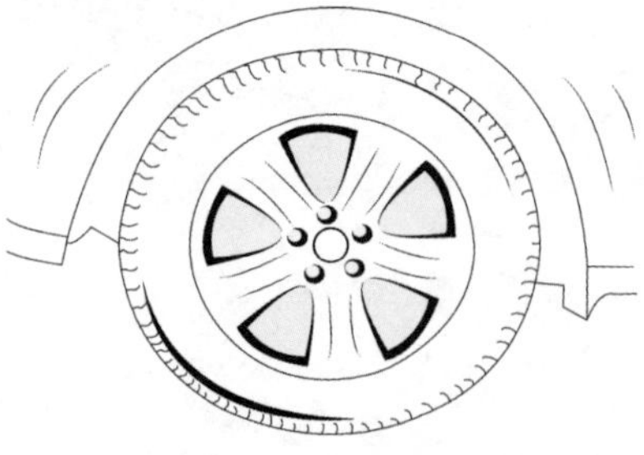

轮胎气压过低或过高，都会增加燃油消耗，定期检查汽车轮胎气压。

定期检查车辆的四轮定位，不正常的车轮定位也会造成油耗增加。

训练听话的右脚

柔和踩油门，2000～3000 转的时候换挡，这是最省油的转速。

不要急刹车，运用向前的惯性带挡滑行，发动机几乎不需要燃油供应。

为汽车减负

很多车主把爱车当成家，车上堆满各种杂物，这些东西会增加车辆负担，造成燃油消耗增加。

（二）日常节水小窍门

顺手关水龙头

洗手擦香皂时，要关上水龙头。

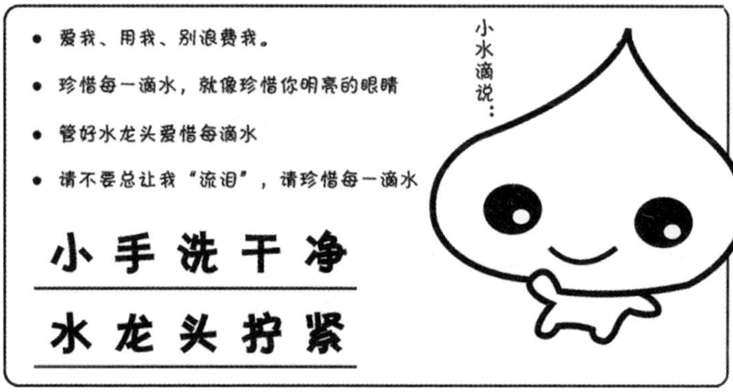

一水多用

充分利用水。

减少用水量

尽量减少用水量，不浪费。

二、 用能篇

(一) 怎样晒太阳最有效?

晒太阳最好时间

上午十点和下午四点晒太阳最好。此时阳光中的红外线强，紫外线偏弱，可以促进新陈代谢，又避免伤害皮肤。

每次晒太阳不超过 1 小时。孩子晒太阳每次控制在半小时以内，晒前可以给宝宝喂些鱼肝油。把宝宝抱起来晒。

晒太阳促进钙吸收

下午 4 ~5 点紫外线中的 X 光束成分最多，可促进钙、磷的吸收，增强体质，促进骨骼正常钙化，但不要隔着玻璃晒。

多晒手脚、腿以及背部

晒手脚、腿，能很好地驱除关节及腿部寒气，加速钙质吸收，让手脚骨骼更健壮。

晒后背，能驱除脾胃寒气，有助于改善消化功能，还能疏通背部经络，有利心肺。

最好穿红色衣服

红色服装的辐射长波能迅速“吃”掉杀伤力很强的短波紫外线。

可以戴上墨镜

注意饮食

晒太阳前不宜吃芥菜、马齿苋、马兰头、无花果，以免引起光敏性药疹或日光性皮炎。

晒后多喝水，多吃水果、蔬菜，补充维生素 C，可以抑制黑色素的生成。

三、 避险篇

（一）台风避险小常识

台风季节准备些干粮和饮用水。

台风盛行季节，家里最好准备一些手电、蜡烛和蓄电的节能灯。

每年台风风力强悍时，会常见一些折断的树枝、楼顶的广告、阳台的花盆等高空坠物。在台风来临之际，大家做好检查，以免坠物伤人。

台风天雨水持续时间会很长，趁暴雨来临之前，将自家的排水管道检查一遍。

台风带来的大风和暴雨容易引发山体滑坡、泥石流和地面沉降等地质灾害，造成人员伤亡，应尽早撤离危险区。

台风天气风大，雨伞一受力，骑车极可能摔跤。

在台风天气里，汽车虽然“个头”大一些、稳当，也应提前“体检”。

下雨路滑、风大受力、视线不清，路况复杂多变，减速慢行当然是第一位的。

◎ 不探身出车外。

◎ 停车远离危险区。

◎ 室外停车，远离露天广告牌、楼房等。

◎ 地下车库停车要事先看看车库的排水系统是否完善。

（二）躲雨防雷

雷电是伴有闪电和雷鸣的一种放电现象。雷电一般产生于对流旺盛的积雨云中，常伴有强烈的阵风、暴雨、冰雹和龙卷风。

◎ 打雷下雨时，不要在电线杆附近、大树下避雨，远离铁塔和其他较高的金属物。

◎ 不要在山顶和高地停留。

◎ 不要在没有安装避雷针的高大建筑物下避雨。

不要扛着铁器在雨中行走，尽量扔掉铁器。

不要在雨中狂奔，步子大，通过身体的跨步电压就越大。

打雷下雨时，不要在雨中打手机。

关照家中小孩注意安全。如果孩子一个人在家，一定要提醒他不要随便打开紧闭的门窗，也不要靠近门窗，在台风来临的时候，早点把家电用器关掉。

（三）防止气球变“火球”

◎ 氢气球不要拴在孩子手腕或扣子上。

◎ 氢气球需远离明火、高温和雷电。

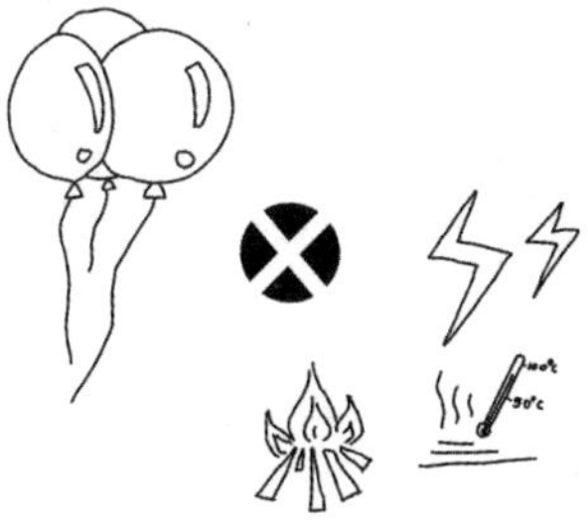

◎ 氢气球不要放在驾驶室内。

◎ 不要用打火机去烧系氢气球的牵绳。

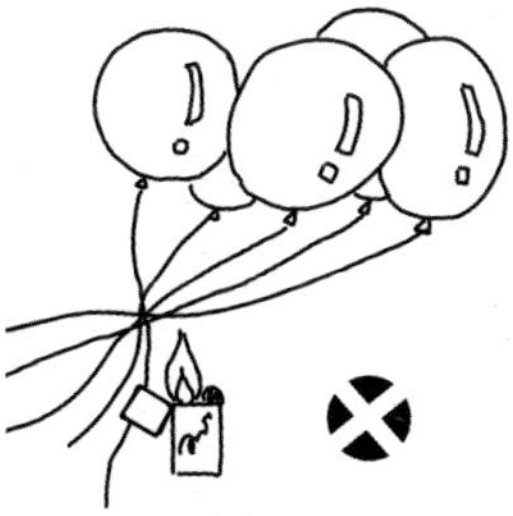

◎ 鞭炮与氢气球要远离。

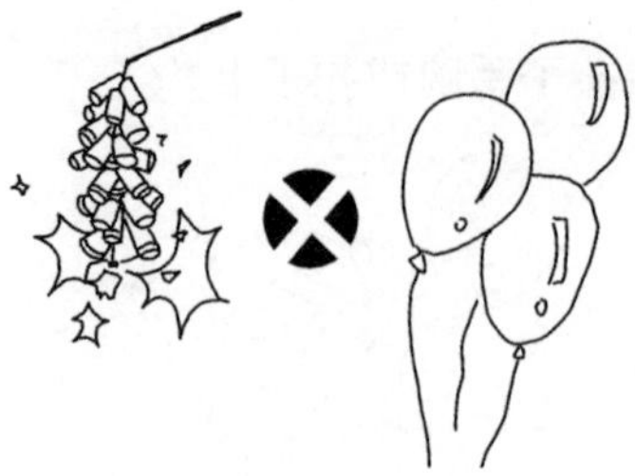

◎ 不要在哄抢氢气球时吸烟。

四、减少辐射篇

（一）减少电脑辐射

任何电器，只要通上电流就有辐射，如何使用电脑才能做到辐射最低呢？

◎ 别让电脑、电器扎堆。

◎ 不要把家用电器摆放得过于集中或同时使用多种电器。

勿在电脑辐射面前站立。电脑背面辐射最强，不让电脑背面朝人或在此站立、工作。

减少电脑待机时间。待机产生电磁场，会产生辐射积累。

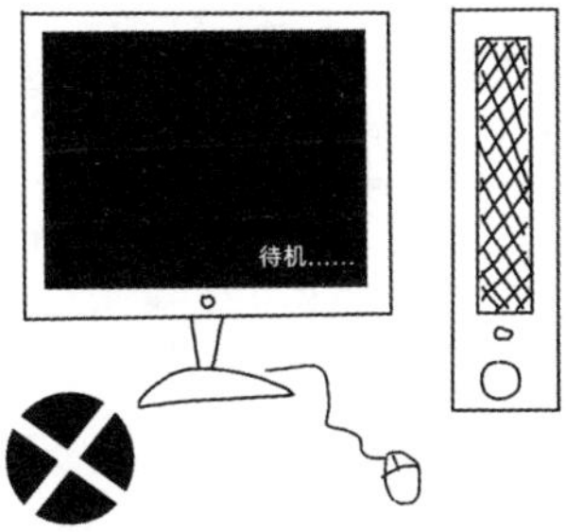

电脑旁边放置绿色植物。仙人掌或仙人球所含水分多，易于吸收电磁辐射，可在一定程度上降低辐射。

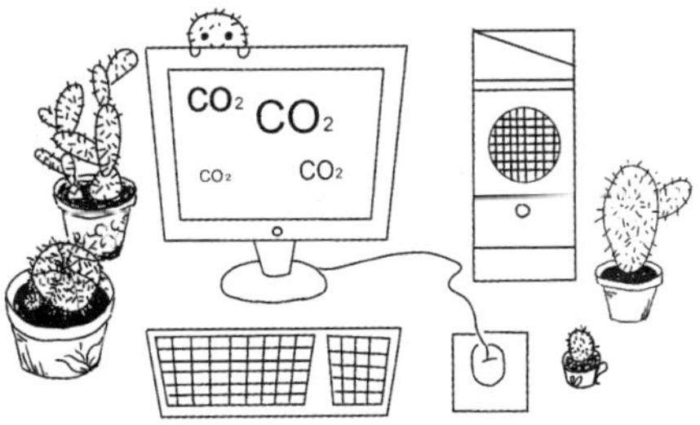

穿防辐射服。

用水吸电磁波。水是吸收电磁波的最好介质，可在电脑边多放几瓶塑料瓶装水。

要用清水洗脸。操作电脑后，要用清水洗脸。

多食防辐射蔬菜。多食用胡萝卜、豆芽、西红柿、油菜、海带、卷心菜、瘦肉、动物肝脏等富含维生素 A、维生素 C 和蛋白质的食物，加强机体抵抗电磁辐射的能力。

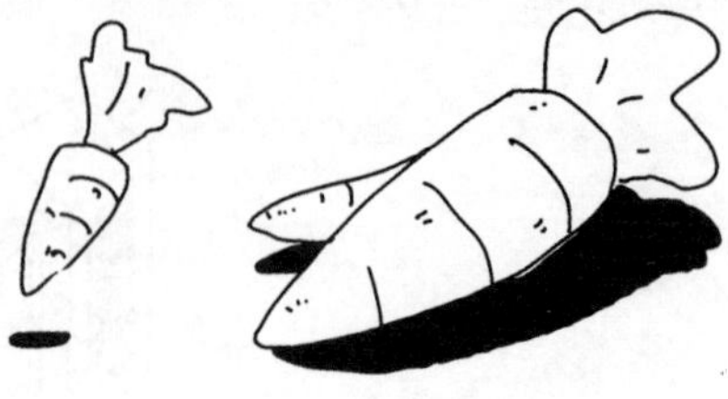

（二）减少手机辐射

接、打电话，甚至手机处于待机状态，手机辐射都在悄悄伤害着你的身体。

哪八类人应少打手机？

图 7－1　八类人应少用手机

如何减少手机辐射

◎ 手机快没电时、充电时最好不要打电话。

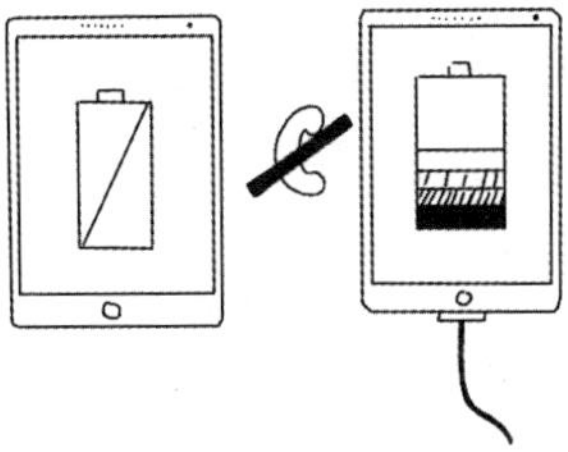

◎ 信号弱的地方尽量不打电话。信号差时手机的功率会自动加大，从而造成其辐射的强度增大。

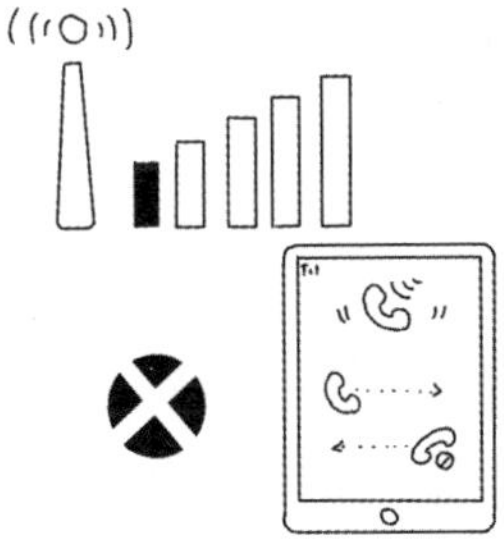

◎ 接通后再放在耳边。手机号码已经拨出而尚未接通时，辐射量最大。应接通后间隔约 5 秒钟再通话。

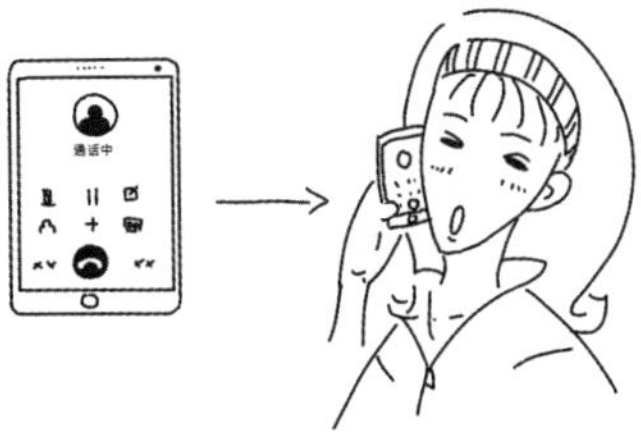

◎ 少用缓接。少用手机“煲电话粥”，每隔一两分钟换耳朵接听。

不要紧贴耳朵。通话时，手机与身体至少保持 5 厘米。

少动。接电话时不要频繁移动，走动会使手机不断尝试连接中断的信号，会使辐射增大。

别挂在胸前或腰间。把手机放在随身携带的包的外层，手机背面冲着身体外侧。睡觉时应尽量关机或将其放在远离枕边的地方。

多用固定电话或使用耳机。

◎ 戴金属眼镜框少打手机。会明显增强电磁场，令使用者对辐射的吸收率增加。

◎ 16 岁以下青少年最好别用手机。青少年脑组织纤维对电磁波的吸收率高于成人，更容易因辐射受到损害。

第八章　未来能源发展方向

同学们，你们知道未来数十年内涉及能源利用和使用的新方法吗？你们知道什么是储能、碳市场和移动能源吗？你们知道储能、碳市场和移动能源发展现状吗？你们知道储能、碳市场和移动能源的未来前景吗？这是本章要探讨的问题。

经过人类数十年的认识和发展，新能源和可再生能源的种类已经基本确定。科学家们筚路蓝缕，开拓出了一条人类未来发展的新路。但道路毕竟只是刚刚寻找到，如何将这一条新路变成千百万人都可以轻松走过的光明大道，更好地服务于人类社会的发展，还需要寻找更多方式方法。

为了更好解决能源发展问题与未来低碳生活的要求，本章主要介绍未来数十年内涉及能源利用和使用的新方法。主要有储能、碳市场与移动能源三种。

一、储能

（一）什么是储能?

本书中的储能主要是指电能的储存，是指将各种发电站的电能存储起来，在需要的时候再放出来。主要有电池储能、电容器储能两种方法。储能是能源合理配置的一种新型方式，储能的发展带动了电动汽车产业迅速发展。

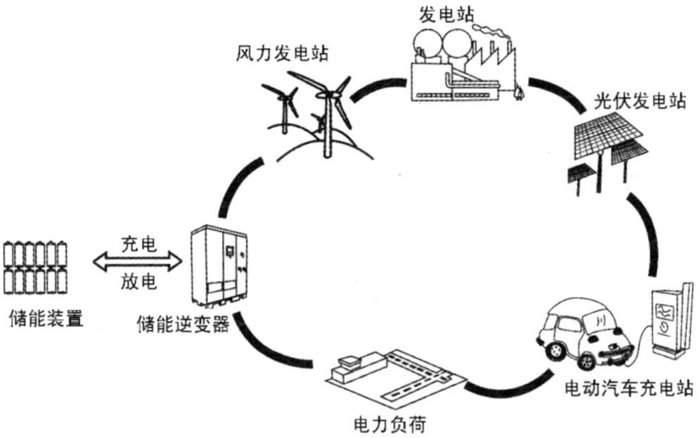

图 8－1　储能项目

（二）世界上的储能项目发展状况如何？

截至 2015 年 1 月 12 日，全球累计实施的储能项目 572 个，遍布各大洲。储能已经是世界发达地区的能源发展热点方向。

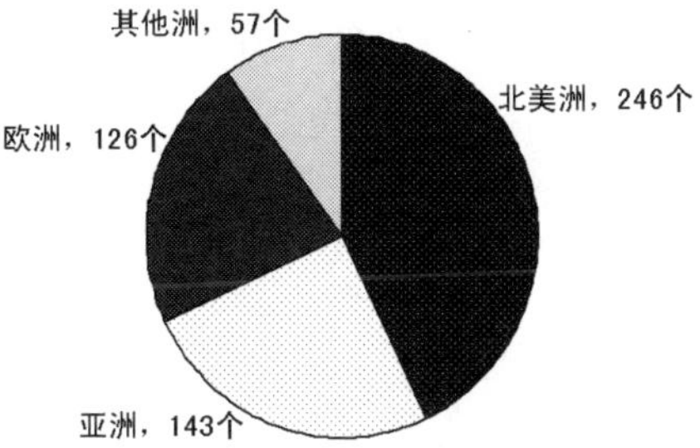

图 8－2　世界各大洲储能项目

（三）储能的主要电池发展状况如何？

锂离子电池已经成为第一大化学储能技术，钠硫电池和铅酸电池紧随其后，三者大约占据主要储能电池 82. 56% 的市场。

此外，超级电容器、液流电池、镍电池等其他电池也是储能电池的重要种类。

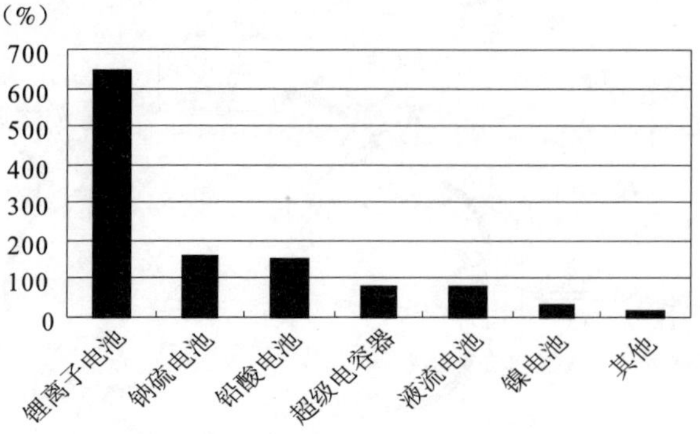

图 8-3　储能电池装机容量

（四）储能发展有哪些推动力量？

◎ 风电光伏产业的迅猛发展将推动大容量储能产业的发展。储能技术在很大程度上解决了新能源发电的随机性、波动性问题，可以实现新能源发电的平滑输出，能有效调节新能源发电引起的电网电压、频率及相位的变化，使大规模风电及光伏发电方便可靠地并入常规电网。

◎ 新能源汽车特别是电动汽车的良好发展利好动力电池储能产业发展。储能技术可以说是新能源产业革命的核心。伴随电动汽车的发展，高效储能电池必将逐步取代内燃机。

（五）储能的未来前景怎样？

◎ 储能是能源利用未来的重要方式，预计在未来的发展中，储能行业将迎来大规模投资，可以预见，美国、意大利、英国等国家仍将引领储能的应用与发展。中国也在迎头赶上。

◎ 储能技术的进步为能源互联网的国际化发展创造了新价值。据中国电力企业联合会预计，到 2020 年，全国发电总装机将达到 1600 吉瓦（Gw）（1Gw = 1000MW = 100 万 KW = 10 亿瓦）。

如果其中储能发电装机占比设定为 5% ~ 10%，届时储能装机容量将达 80 ~ 160 吉瓦。按目前国内锂离子电池储能系统的综合初始投资成本

600 万元/千瓦计算，到 2020 年，若储能装机全部以锂电池储能项目计，其投资规模可达 4800 亿～9600 亿元。①

知识小链接

储能在电动汽车行业中的应用有哪些？

电动汽车指以车载电源为动力的车辆，分为纯电动汽车、混合动力汽车、燃料电池汽车等种类。

电动汽车工作原理：蓄电池—电流—电力调节器—电动机—动力传动系统—驱动汽车行驶。

由于使用电力驱动汽车行驶，电动汽车对环境的影响相对传统汽车小得多，是一个近几年发展十分红火的行业，涌现出了如特斯拉电动汽车等优质企业。

知识小链接

2014 年全球各国电动汽车财政激励政策对比②

2014 年，是各国对电动汽车产业政策支持力度加强的一年，推进了电动汽车产业的良好发展。

◎ 美国加州出台了六个低排放汽车法案，鼓励私人购买低排放汽车，给低收入家庭置换低排放汽车提供 1000～1500 美元的补贴，同时允许低排放车辆使用多乘客车道，并降低或减免通行费。

◎ 韩国政府将电动汽车纳入政府采购，要求新增公用车辆中纯电动车

① 张世国. 能源互联网是能源格局演变的必然要求，《中国能源报》2015－11－09－21.
② 《全球新能源发展报告 2015》

的比例，不得低于25%。

法国规划了全国性的电动汽车充电网络，要求每60km设置一个公共充电站，同时充电站的建设和运营均会获得一定的税收减免。

◎ 中国也出台了很多相关政策，给予在2014—2017年购置新能源汽车者免征车辆购置税，鼓励私人投资建设电动汽车充电站，对充电的电费也做了降价处理，也将电动车充电的充电器等设备的成本交由国企承担，并要求政府机关及公共机构开始购买电动汽车，推动电动汽车行业发展。

知识小链接

储能预测

在储能技术方面，根据世界生物能源协会预测：

◎ 到2020年，30%电力将来自绿色能源。

◎ 到2030年，插电式电动车的充电站和氢能源燃料电动车将在全球范围内普及，为主电网的输电、送电提供分散式的基础设施。

◎ 到2040年，75%轻型汽车将有电驱动。

◎ 可再生能源—建筑物生产和收集能源—互联网分配能源的能源互联网基础设施，可以为插电式电动车、氢燃料车、家庭和工厂提供充足电力。

◎ 云平台呈现出国际化特征。①

① 能源互联网是能源格局演变的必然要求，《中国能源报》2015-11-09-21.

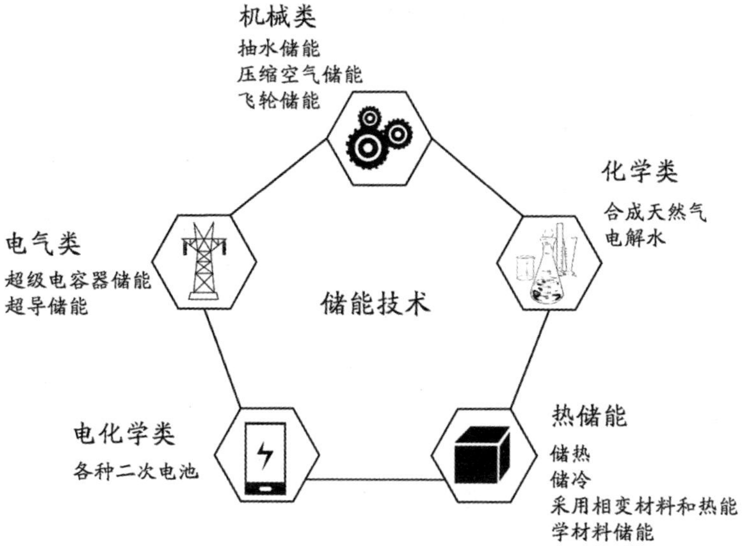

图 8－4　世界主要储能技术

二、　碳市场

因为几乎所有的温室气体都含有碳元素，“碳排放”就是将温室气体排放到大气中。

（一）什么是碳市场？

“碳市场”又名“国际碳交易市场”，是一个因为温室气体排放量而出现的市场。

由于人类在近百年来进入工业化时代，对温室气体的排放速率太快，为将大气中的温室气体含量稳定在一个适当的水平，进而防止南北极冰山融化，海平面升高，沿海城市淹没，最后形成了一个人为规定的市场。

当今国际社会提倡降低温室气体排放量，依据原有规定，不同国家有不同温室气体排放量配额。有一些国家（如韩国、越南）因为生态环保工作十分良好，这些国家的实际温室气体排放量低于可用排放量，这些国家就可以通过将自己用不完的温室气体排放量卖出而获益，而实际温室气体排放量大于分到的配额的国家就买进。

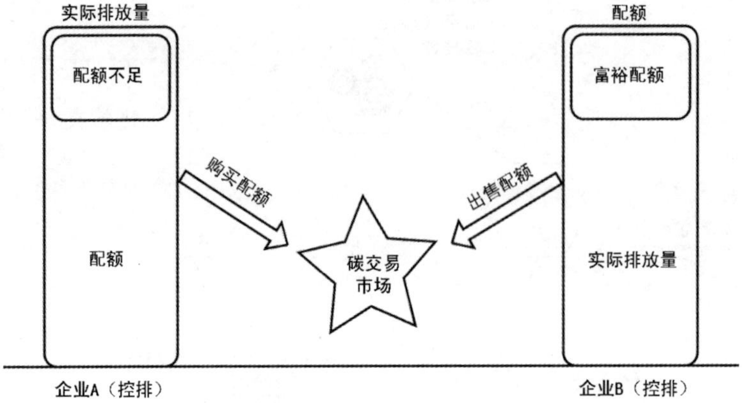

图 8－5　碳交易市场

（二）碳市场的主要参与者有哪些?

能够将碳排放量（温室气体排放量）卖出的有不同国家或地区、企业、银行、投资集团等。而买进这个碳排放量（温室气体排放量）的有国家或地区、企业、银行、碳市场投资者、非政府组织等。

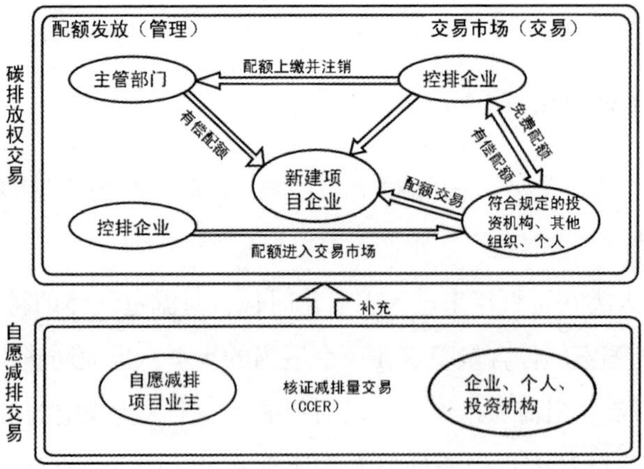

图 8－6　碳交易市场的主要参与者

（三）碳市场的发展现状怎样?

◎ 2014 年，欧盟、美国加利福尼亚的碳市场交易量均大幅增加，市场稳定，其交易总额同比上升了约 26. 36%。

◎ 此外，中国区域碳交易市场已全面投入运行，进入这一新兴能源行业。韩国碳交易市场已于 2015 年 1 月正式运行，从市场容量来看，韩国碳市场将一跃成为全球第二大碳市场。

（四）碳市场的未来前景如何?

◎ 中、美、印三国在 2014 年的碳（温室气体）排放量占比达到了全世界 50%，其中又以中国的 27% 占据世界首位，中国日益强大，作为负责任的大国，中国将对气候变化愈加发挥主导作用，可以预见，碳市场的作用将在气候问题十分重要的时代中日益凸显，在中国的发展也将越来越快。

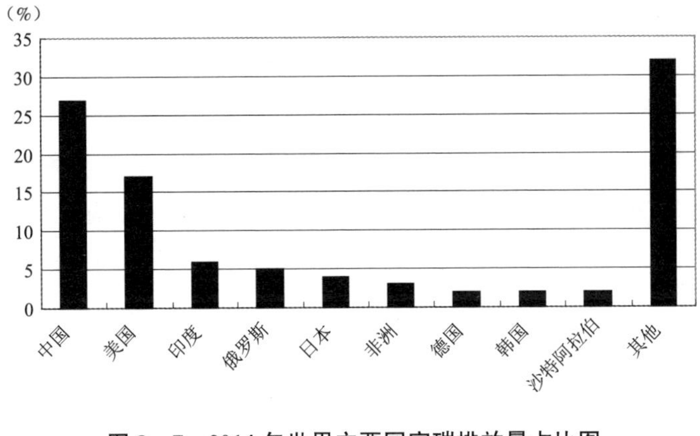

图 8－7　2014 年世界主要国家碳排放量占比图

知识小链接

中国低碳节能城市知多少？

◎ 低碳城市指以低碳经济为发展模式及方向、市民以低碳生活为理念和行为特征、政府公务管理层以低碳社会为建设标本和蓝图的城市。

◎ 自2008年初，国家建设部与世界自然基金会（WWF）在中国大陆以上海和保定两市为试点联合推出“低碳城市”。

◎ 现今除湖南、宁夏、西藏和青海以外，大陆31个省市自治区中每个地区至少有一个低碳试点城市。

◎ 中国科学院上海高等研究院于2014年进行了对中国低碳城市建设的报告，全国低碳城市十强排行榜出炉，合肥获得第一，广州、南京的排名紧随其后，而福州、上海、青岛、大连、北京、济南、厦门等也在前十之列。

知识小链接

何谓“巴黎协定”

◎《巴黎协定》是世界上超过150个国家于2015年12月12日在巴黎气候变化大会上通过、2016年4月22日在纽约签署的气候变化协定。

◎《巴黎协定》目的是为2020年后全球应对气候变化行动做出安排，尽可能减少人类世界的碳排放对世界气候的不良影响。

◎ 中国全国人大常委会于2016年9月3日正式批准中国加入《巴黎气候变化协定》，并成为世界上第23个完成了批准协定的缔约方。

◎ 中国国家主席习近平2016年11月4日致信联合国秘书长潘基文，对气候变化《巴黎协定》正式生效表示祝贺。

◎《巴黎协定》从达成、签署、批准到生效，中国政府做出了关键性的重要贡献，中国呼吁各国兑现承诺。

三、移动能源

（一）什么是移动能源?

移动能源是“以可移动的分布式发电技术为基础，通过和储能、控制、信息通信等技术的有机结合，实现能源的可移动、全天候、高效率供应”① 的一种能源，如手机充电宝……它是一种可以随时随地使用的能源，是与储能发展离不开的能源发展一个重要方向。

（二）移动能源产业的发展现状

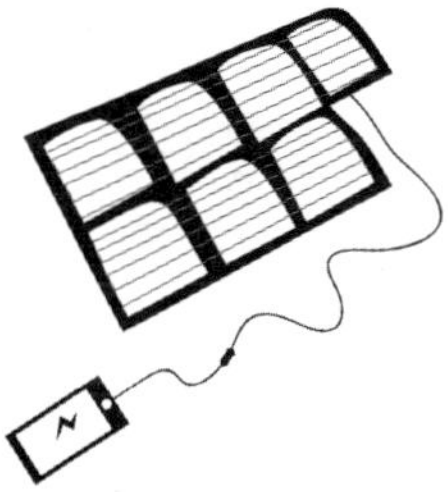

现在的移动能源产业发展还主要是大型项目，民用小型的项目还没能够进入人民生活。目前已经影响大众生活的有移动电源和电动汽车等。

移动能源的发展将不仅仅从现在远离大众走向大众，即由大规模远距离向小规模近距离发展，而且借助移动能源技术，使能源的供应与使用更加高效、灵活与经济，从而方便民众，赢取利润。

移动能源有十分广阔的目标市场需求，即所有不适用于大规模工业化供电的分散、小规模电力需求，包括民用、商业、农业、交通、公共设施、科研、军用等众多行业与交叉领域。

（三）移动能源的未来前景如何?

移动能源市场的兴起是人类生产生活方式的一次重大转折，使人类将千百年来能源生产使用方式发生了改变，能源供给从此将能够随时随地得以供给。

移动能源的出现，是数十年来材料科学与新能源技术不断飞速发展的产物，是全球经济发展和人类追求更好生活的产物。随着移动能源的发

---

① 科技日报，2015－03－10.

展，人类生活将进入新的广阔天地，各类电子产品、能源产品将会得到高速发展。

知识小链接

全球能源互联网

在信息时代，能源需求与供应的不平衡导致各国能源依赖加深，能源安全问题超越了消费国和生产国的界限，呈现出全球化的特征。

互联网技术的进步打通了能源供应与需求，为能源互联网创造了广阔的成长空间。能源市场分散，风能、太阳能的集中规模化开发和电力的远距离输配成为必然趋势。能源互联网是全球能源格局演变的必然要求。

国家电网公司提出建立“全球能源互联网”①，主要是以特高压电网为骨干网架（通道）、以输送清洁能源为主导、全球互联的坚强智能电网，由跨洲、跨国骨干网架和各国各电压等级电网构成，连接“一极一道”（北极、赤道）和各洲大型能源基地，适应各种分布式电源接入需要，能够将风能、太阳能、海洋能等可再生能源输送到各类客户。②

华北电力大学能源与电力经济研究中心主任曾鸣日前在接受中国证券报记者采访时指出，能源互联网以电力系统为核心与纽带，构建多类型能源互联网络。能源互联网发展是能源与信息不断整合并相互促进的过程。全球能源互联网将经历能源本身互联；信息互联网与能源行业相互促进；能源与信息深度融合三个阶段，全球能源互联网是能源互联网发展的高级阶段，为能源互联网发展带来了新机遇。③

当下，“一带一路”战略为建立多层次、宽领域、全方位的中国能源互联网国际化发展新体系指引了新方向。

① 全球能源互联网构想，国家电网公司，http：//www. sgcc. com. cn

② 能源互联的高级阶段，全球能源互联网《中国产业经济动态》2015（21）.

③ 能源互联网发展将经历三个阶段，中国证券报，2015－09－08.

附录：我国能源政策与法规

随着国际能源形势的发展变化和我国对能源的依赖性，国家相继出台了《中华人民共和国水法》《中华人民共和国煤炭法》《中华人民共和国电力法》《石油天然气管道保护条例》《核电厂核事故应急管理条例》《中华人民共和国可再生能源法》《中华人民共和国节约能源法》《中华人民共和国放射性污染防治法》《中华人民共和国环境保护法》《中华人民共和国大气污染防治法（修正）》等一系列能源相关法律法规，充分体现了国家对于能源开发利用与节能环保的重视程度。

其中，《中华人民共和国能源法（征求意见稿）》已提出将能源教育纳入国民教育体系。下面，为大家列举几个有代表性的能源相关政策与法规。

《中华人民共和国能源法（征求意见稿）》

第一章　总则

第一条　［立法目的］

为了规范能源开发利用和管理行为，构建稳定、经济、清洁、可持续的能源供应及服务体系，提高能源效率，保障能源安全，推动资源节约型和环境友好型社会建设，促进能源与经济社会的协调发展，制定本法。

第二条　［适用范围］

在中华人民共和国领域和管辖的其他海域内从事能源开发利用和管理活动适用本法。

本法所称能源是指能够直接取得或者通过加工、转换而取得有用能的各种资源，包括煤炭、原油、天然气、煤层气、水能、核能、风能、太阳能、地热能、生物质能等一次能源和电力、热力、成品油等二次能源，以及其他新能源和可再生能源。

第三条　［节约优先］

能源开发利用应当贯彻节约资源的基本国策，坚持节约与开发并举、节约优先的基本方针。

全社会应当厉行节约能源，提高能源效率。

第四条　［保障能源安全］

国家坚持能源立足国内、多元发展，增强能源供应能力，保障能源安全。

第五条　［能源与生态环境协调发展］

国家积极优化能源结构，鼓励发展新能源和可再生能源，支持清洁、低碳能源开发利用，推进能源替代，促进能源清洁利用，有效应对气候变化，促进能源开发利用与生态环境保护协调发展。

第六条　［市场配置资源］

国家积极培育和规范能源市场，发挥市场在能源领域资源配置中的基础性作用，鼓励各种所有制主体依法从事能源开发利用活动。

第七条　［普遍服务］

国家建立和完善能源普遍服务机制，保障公民获得基本的能源供应与服务。

第八条　［能源科技创新］

国家坚持依靠科技进步促进能源发展，加强能源科技研究开发与应用，支持能源科技自主创新。

第九条　［能源国际合作］

国家坚持平等互利、合作共赢、协同保障的方针，积极推进能源国际合作。

第十条　［能源统一管理］

国家按照统一管理、分级负责、责权一致的原则加强和规范能源管理。

第十一条　［法律效力］

本法是能源领域的基础性法律，对能源领域单行法律起指导和协调作用。

第二章　能源综合管理

第十二条　［能源管理体系］

国务院能源主管部门统一管理全国能源工作，国务院其他有关部门在各自职责范围内负责相关能源管理工作。

县级以上地方人民政府能源主管部门负责本行政区域内的能源管理工作，同级人民政府其他有关部门在各自职责范围内负责相关能源管理工作。

第十三条　［能源管理部门］

国务院能源主管部门应当依法组织实施国家能源战略，制定和实施能源规划、能源政策，对全国能源各行业进行管理，统筹负责能源领域的发展与改革工作。国务院能源主管部门具体职责由国务院规定。

县级以上地方人民政府能源主管部门负责管理本行政区域内能源开发利用和能源节约活动。地方能源主管部门的设置和具体职责由地方人民政府规定。

第十四条 [能源行业协会]

能源管理应当发挥能源行业协会等社会中介组织的作用。

能源有关行业协会应当反映行业和企业发展要求，在行业统计、行业标准、技术服务、市场开发、信息咨询等方面为企业提供服务，为政府提供决策咨询。

第十五条 [公众参与能源决策]

各级人民政府及有关部门进行涉及公共利益和安全的重大能源决策时，应当听取有关行业协会、企业和社会公众的意见，增强能源决策的民主性、科学性和透明度。

第十六条 [能源投资产权制度]

能源领域实行多元化投资产权制度。

关系国家安全和国民经济命脉的能源领域，实行国有资本控股为主体的投资产权制度。具体办法由国务院能源主管部门会同有关部门制定。

在前款规定的能源领域内，从事能源开发利用活动的企业实施重组或者资产并购的，应当报国务院能源主管部门审核。

第十七条 [能源进出口管理]

国务院能源主管部门会同进出口主管部门制定能源进出口政策，鼓励进口清洁、优质能源及先进能源技术，加强能源和高耗能产品的出口管理监督。

第十八条 [能源统计和预测预警]

各级人民政府统计主管部门会同能源主管部门建立和完善能源统计体系，依法发布能源统计信息。

各级人民政府能源主管部门应当建立能源预测预警机制。

第十九条 [能源标准化管理]

国务院标准化主管部门会同能源主管部门对主要能源产品、高耗能产品和设备等制定相关的国家标准。法律、行政法规另有规定的，从其规定。

第三章　能源战略与规划

第二十条　［能源战略的地位与内容］

国家能源战略是筹划和指导国家能源可持续发展、保障能源安全的总体方略，是制定能源规划和能源政策的基本依据。

国家能源战略应当规定国家能源发展的战略思路、战略目标、战略布局、战略重点、战略措施等内容。

第二十一条　［能源战略的制定依据］

国家能源战略根据基本国策、国家发展战略、经济和社会发展需要及国内外能源发展趋势等制定。

第二十二条　［能源战略的编制、评估和修订］

国家能源战略由国务院组织制定并颁布。

国务院委托有关部门或机构负责国家能源战略的评估。

国家能源战略的战略期为二十至三十年，每五年评估、修订一次，必要时可以适时修订。

第二十三条　［国家能源规划的内涵、构成和种类］

国家能源规划是实施国家能源战略的阶段性行动方案。

国家能源规划应当规定规划期内能源发展的指导思想、基本原则、发展目标和指标、阶段性任务、产业布局、重点项目、政策措施及其他重要事项。

国家能源规划包括国家能源综合规划和国家能源专项规划。

国家能源专项规划包括煤炭、石油、天然气、煤层气、电力、核能、新能源和可再生能源等行业发展规划以及能源节约、能源替代、能源储备、能源科技、农村能源等专题规划。

第二十四条　［国家能源规划制定依据］

国家能源规划根据国民经济和社会发展规划、国家能源战略编制，并与土地利用、水资源、矿产资源、环境保护等相关规划相互协调。

第二十五条　［各类能源规划的衔接］

国家能源综合规划应当统筹兼顾各行业、各地区的发展需要。

国家能源专项规划应当符合国家能源综合规划。

第二十六条 [国家能源规划的编制]

国家能源规划由国务院能源主管部门组织编制，报国务院批准后实施。

国家能源规划的规划期为五年。

国家能源规划应当在同期国民经济和社会发展规划颁布后一年内向社会公布。

第二十七条 [国家能源规划的评估和修订]

国务院委托有关部门或者机构负责国家能源规划的评估。

国务院能源主管部门根据需要或者评估结果对国家能源规划适时修订，报国务院批准后实施。

第二十八条 [国家能源规划的实施与监督]

国务院有关部门及地方各级人民政府应当执行国家能源规划，对不符合国家能源规划的能源项目不得办理相关批准手续。

国务院和省级人民政府建立能源规划监督制度，对国家能源规划的执行情况进行监督检查。

第二十九条 [地方能源规划]

省级人民政府可以制定与国家能源规划相配套的地方能源规划，并报国务院能源主管部门备案。

第四章 能源开发与加工转换

第三十条 [基本原则]

能源开发与加工转换应当遵循合理布局、优化结构、节约高效和保护环境的原则。

国家鼓励单位和个人依法投资能源开发与加工转换项目，平等保护投资者的合法权益。

第三十一条 [能源资源所有权]

能源矿藏、水能资源和海洋能资源属于国家所有，由国务院代表国家行使所有权，国务院可以授权有关部门或者省级人民政府具体负责所有权行使的管理工作。单位和个人按照有偿取得的原则，可以依法享有占有、使用和收益的权利，但不得损害国家的权益。法律另有规定的除外。

前款规定国家所有的能源资源，任何单位和个人不能取得所有权。

第三十二条 ［能源矿产资源开发项目准入］

国务院能源主管部门会同国土资源主管部门依法制定能源矿产资源开发项目准入条件及管理办法。

企业申请石油、天然气、核能等关系国家安全和国民经济命脉的能源矿产资源勘探或者开采项目，应当符合能源矿产资源开发项目准入条件，经国务院能源主管部门批准后，向国务院国土资源主管部门申请勘查或者采矿许可证。

企业申请煤炭资源勘探或者开采项目，应当符合能源矿产资源开发项目准入条件，经国务院能源主管部门或者其授权的省级人民政府能源主管部门批准后，向国务院国土资源主管部门或者其授权的省级人民政府国土资源主管部门申请勘查或者采矿许可证。

企业转让能源资源探矿权、采矿权的，应当经原项目审批部门批准。

第三十三条 ［可再生能源资源开发项目准入］

国务院能源主管部门会同有关部门根据国家能源战略、国家能源规划和政策依法制定可再生能源资源开发项目准入条件及管理办法。

企业申请开发水能、海洋能资源开发项目，应当符合可再生能源资源开发项目准入条件，由国务院能源主管部门或者其授权的省级人民政府能源主管部门授予能源开发权。

开发风能、太阳能和生物质能资源达到一定规模的项目，由省级人民政府能源主管部门批准，报国务院能源主管部门备案。

开发水能、海洋能的企业转让能源开发权或者变更实际控制人的，须经原项目审批部门批准。

第三十四条 ［能源资源合理开采］

国务院能源主管部门会同有关资源管理部门，对能源资源开发活动进行监管，提高能源资源开发利用率。

第三十五条 ［能源综合高效开发利用］

国家鼓励能源综合高效开发利用，支持以煤炭为原料的燃料、电力、化工产品多联产，鼓励热电冷联产、热电煤气多联供等综合梯级利用，因地制宜发展分布式能源。

第三十六条　[清洁能源开发]

国家鼓励在保护生态环境的基础上发展水电、核能、天然气、煤层气、风电、生物质能、太阳能、地热能、海洋能等清洁、低碳能源，提高清洁能源在能源结构中的比例。

第三十七条　[替代能源开发]

国家鼓励以新能源替代传统能源，以可再生能源替代化石能源，以低碳能源替代高碳能源。

国家优先开发应用替代石油的新型燃料和工业原料。

第三十八条　[民用核能开发利用及厂址保护]

民用核能开发利用项目由国务院批准。

民用核能开发利用厂址由国务院能源主管部门会同有关部门根据有关法律法规和能源规划确定，所在地人民政府应当加强管理和保护，严禁破坏和抢占。具体办法由国务院能源主管部门会同有关部门制定。

第三十九条　[能源基地建设]

国家在能源资源富集、符合大规模开发条件、对国家能源布局具有战略作用的地区建设能源基地。

能源基地建设纳入国家能源规划。各级人民政府应当采取措施支持能源基地建设。

能源基地建设管理办法由国务院制定。

第四十条　[能源加工转换项目准入]

国务院能源主管部门会同有关部门根据国家能源战略、国家能源规划和政策依法制定能源加工转换项目准入条件及管理办法。

企业从事能源加工转换项目，应当符合能源加工转换项目准入条件，由国务院能源主管部门和省级人民政府能源主管部门或者其授权的部门按照有关规定予以审批、核准或者备案。

第四十一条　[企业的安全环保义务]

能源开发和加工转换企业应当依照有关法律法规，坚持节约生产、清洁生产、安全生产，降低资源消耗，控制和防治污染，保护生态环境。

能源开发和加工转换企业应当具备法定的安全生产和环境保护条件。能源建设项目的安全与环境保护设施，应当与主体工程同时设计、同时施工、同时投入使用。

第四十二条　［生态环境补偿］

国家建立能源生态环境补偿机制。能源开发和加工转换项目所在地人民政府应当制定污染治理和生态恢复规划。能源开发和加工转换企业应当承担污染治理和生态保护的责任。

第四十三条　［核废物处理］

国家实行核燃料闭合循环政策。

民用核能生产和科研等单位是其产生的核废物处理处置的责任主体。

第五章　能源供应与服务

第四十四条　［能源供应的原则］

各级人民政府应当采取措施促进能源基础设施和运输体系建设，建立多元供应渠道，加强能源供应的组织协调，保障能源持续、稳定、安全、有序供应。

第四十五条　［能源供应市场主体］

国家鼓励各种所有制主体依法从事能源供应业务，促进能源供应市场的公平有序竞争，提高能源供应服务质量和效率。

第四十六条　［能源供应业务准入］

关系公共利益和国家安全的能源批发、零售、进出口等供应业务实行准入制度。

能源供应业务准入条件和管理办法由国务院能源主管部门会同有关部门制定。

第四十七条　［跨区能源基础设施建设］

国务院能源主管部门会同有关部门统筹规划和组织建设跨省、自治区、直辖市的电力、石油和天然气输送管网等能源骨干基础设施。所在地人民政府应当按照规划预留能源基础设施建设用地，并纳入土地利用规划。

第四十八条　[能源输送管网设施开放]

能源输送管网设施应当向合格的能源用户和交易主体开放，经营能源输送管网设施的企业应当依法提供公平、无歧视的接入和输送服务。

接入能源输送管网的设施，应当符合国家或者行业的相关技术标准。

第四十九条　[能源基础设施保护]

国家保护能源基础设施，维护社会公共安全，禁止任何盗窃、抢劫、破坏和非法占用的行为。

各级人民政府应当保护所辖区域内能源基础设施的安全。

第五十条　[能源普遍服务]

从事民用燃气、热力和电力等供应业务的企业应当依法履行普遍服务义务，保障公民获得无歧视、价格合理的基本能源供应服务，接受能源主管部门和有关部门及社会公众监督。

国家建立能源普遍服务补偿机制，对因承担普遍服务义务造成亏损的企业给予合理补偿或者政策优惠。具体办法由国务院制定。

第五十一条　[停业歇业审批]

承担能源普遍服务义务的能源企业停业、歇业或者无法履行义务的，应当报原业务准入审批机构审批或者备案，具体管理办法由国务院能源主管部门制定。

第五十二条　[能源用户义务]

能源用户应当安全、节约和有效使用能源。

能源用户应当依法配合能源供应企业的供应服务，遵守相关技术管理规范，按照国家有关规定和当事人的约定支付相应的费用，维护正常的能源供应秩序。

第五十三条　[能源自然垄断环节监管]

国务院能源主管部门会同有关部门依法对具有自然垄断特征的电力、石油、燃气等能源输送管网的公平开放、普遍服务、消费者权益保护等实行专业性监管。具体办法由国务院制定。

第六章　能源节约

第五十四条　［节约优先战略的实施］

各级人民政府应当将能源节约作为经济和社会发展的优先目标，制定并实施节能政策措施，培育节能市场，推动全社会节能。

各级人民政府和用能单位应当建立节能的激励和约束机制，实施节能奖惩制度。

第五十五条　［优化产业结构节能］

各级人民政府应当推进经济结构优化和产业升级，优先发展低能耗的高附加值产业，促进经济社会的节约发展。

第五十六条　［优化消费结构节能］

各级人民政府应当采取措施推行节约能源的生产、生活和消费方式，改善能源消费结构，提高终端能源效率。

用能单位和个人应当节俭、适度、科学用能，优先使用高效能源和节能产品。

第五十七条　［技术节能］

各级人民政府应当构建能源节约的技术支持体系，加强能源节约和循环利用技术的攻关和产业化。

用能单位应当推进节能技术进步，采用节能新技术、新工艺、新设备、新材料，加强资源综合利用，提高能源节约利用水平。

第五十八条　［管理节能］

国家建立节能目标责任制和评价考核制度。各级人民政府应当将节约能源纳入国民经济和社会发展总体规划及各专项规划，建立科学的节能指标体系、监测体系和评价考核体系。

重点用能单位应当加强节能管理，建立节能组织机构和设置节能专业岗位，明确节能目标和各级机构的节能责任。

第五十九条　［重点领域节能］

各级人民政府能源主管部门应当加强重点用能单位的节能管理和监督，依法进行能源审计和监督检查，积极推进工业、建筑、交通和商业贸易领域的节能。政府和其他公共机构应当发挥节能示范引导作用。

第六十条　[政府节能保障措施]

国务院和省级人民政府能源主管部门及有关部门应当创新节能管理制度，制定节能标准，完善固定资产投资项目节能评估和审查制度、合理用能及监督检查制度、节能产品认证及推广制度、高耗能产品生产准入和退出制度。

国务院和省级人民政府能源主管部门应当会同有关部门综合运用各种经济手段，促进能源节约和有效利用。

第六十一条　[节能市场机制]

各级人民政府应当建立和完善节能市场机制，培育节能咨询和服务体系，推行能源效率标识、合同能源管理、自愿节能协议和能源需求侧管理等措施。

第七章　能源储备

第六十二条　[能源储备管理]

国家建立能源储备制度，规范能源储备建设和管理，提高能源应急处置能力，保障能源供应安全。

国务院能源主管部门会同有关部门负责能源储备管理工作。

第六十三条　[能源储备分类及管理办法]

能源储备包括能源产品储备和能源资源储备。能源产品储备包括石油、天然气、天然铀产品等。能源资源储备包括石油、天然气、天然铀、特殊和稀有煤种等资源。具体管理办法由国务院制定。

第六十四条　[能源产品储备]

国家能源产品储备分为政府储备与企业义务储备。

承担储备义务的企业有义务达到国家规定的储备量，按规定报告储备数据，接受能源主管部门的监督检查。企业义务储备不包括企业生产运营的正常周转库存。

政府储备由国家出资建立，企业义务储备由能源企业出资建立。

第六十五条　[石油储备建设及管理]

石油的政府储备由国务院能源主管部门负责组织建设和管理。

石油的企业义务储备由从事原油进口、加工和销售经营以及成品油进口和批发经营的企业建立。

国务院能源主管部门建立石油储备监督检查制度，对政府储备和企业义务储备的建设、收储、轮换等情况进行监督管理。

第六十六条 ［能源资源储备］

国家能源资源储备由国务院能源主管部门会同国土资源主管部门根据国家能源战略的需要，在能源矿产规划矿区、大型整装矿区和能源基地内的资源储量中划定。

已经设定探矿权和采矿权的能源资源划定为能源资源储备的，国家对探矿权和采矿权人给予合理补偿。

第六十七条 ［国家能源储备的动用］

国家能源产品储备需要动用时，由国务院能源主管部门会同财政主管部门提出动用建议，经国务院批准后动用。

动用国家能源资源储备，由国务院能源主管部门会同国土资源主管部门提出动用方案，经国务院批准后实施。

第六十八条 ［地方能源产品储备］

省级人民政府可以根据需要建立本地区的能源产品政府储备。

第八章 能源应急

第六十九条 ［应急范围与阶段］

国家建立能源应急制度，应对能源供应严重短缺、供应中断、价格剧烈波动以及其他能源应急事件，维护基本能源供应和消费秩序，保障经济平稳运行。

第七十条 ［应急预案］

国务院能源主管部门应当组织编制国家能源应急总体预案和主要能源品种的专项应急预案，报国务院批准。

县级以上地方人民政府应当根据国家能源应急预案编制本行政区的能源应急预案，报省级人民政府批准。

能源企业和重点用能单位应当编制相应的能源应急预案。

能源应急能力建设，应当纳入能源应急预案。

第七十一条 ［应急事件分级］

能源应急事件实行分级管理，按照实际或者合理预计的可控性、严重程度、影响范围和持续时间，分为特别重大、重大、较大和一般四级。具体分级标准和相应预警级别由国务院或者国务院确定的部门制定。

第七十二条　［应急事件认定］

特别重大级别的能源应急事件以及相应的预警由国务院认定。重大级别的由国务院能源主管部门会同有关部门认定，报国务院批准。较大级别的由省级人民政府认定，并报国务院能源主管部门备案。一般级别的由县级以上地方人民政府认定，并报省级地方人民政府批准。法律另有规定的，从其规定。

第七十三条　［应急处置原则］

能源应急事件的处置实行统一领导、分级负责、分类实施、协同配合的原则。能源应急事件认定批准后，有关人民政府应当及时启动能源应急预案，实施应急处置措施。

第七十四条　［应急措施授权条件和约束］

在能源应急期间，各级人民政府应当根据维护能源供给秩序和保护公共利益的需要，按照必要、合理、适度的原则，采取能源生产、运输、供应紧急调度，储备动用，价格干预和法律规定的其他应急措施。

实施能源应急措施应当向社会公告。在应急事件的威胁和危害得到控制或者消除后，能源应急措施应当及时中止或者取消，并向社会公告。

第七十五条　［应急保障重点］

各级人民政府在采取能源应急措施的同时，应当确定基本能源供应顺序，维持重要国家机关、国防设施、应急指挥机构、交通通信枢纽、医疗急救等要害部门运转，保障必要的居民生活和生产用能。

第七十六条　［应急相关主体责任和义务］

任何单位和个人应当执行能源应急预案和政府能源应急指令，承担相关应急任务。

第七十七条　［应急善后］

有关人民政府应当及时退还因能源应急依法征收征用的物资、设备和设施，并对损耗、消耗部分给予补偿；对承担能源应急任务的单位和个人，可以给予适当奖励或者补偿。

各级人民政府处置能源应急事件所发生的相关合理费用由本级政府按照国家有关规定负责解决。

第九章　农村能源

第七十八条　［农村能源发展原则］

国家按照统筹规划、因地制宜、多能互补、节约资源、综合利用、保护环境的原则，鼓励和扶持农村能源发展，促进社会主义新农村建设，推动城乡和谐发展。

第七十九条　［农村能源规划实施］

国务院能源主管部门会同有关部门负责管理农村能源工作，统一组织实施国家农村能源规划。

县级以上地方人民政府应当将农村能源纳入本级国民经济和社会发展规划，统筹处理农村能源发展与土地利用及交通、水利、通信等基础设施建设的关系。

第八十条　［优惠政策］

各级人民政府应当制定财政税收、金融与价格等优惠政策，扶植、引导和鼓励单位和个人加大对农村能源的投入。

第八十一条　［农村能源保障］

国家统筹城乡能源基础设施建设，推动城市能源基础设施和公共服务向农村延伸，鼓励开发多种形式的能源，提高农村的商品能源供应能力，保障农村能源的正常供应。

农村地区能源供应发生短缺时，各级人民政府应当采取措施优先保障农民生活和农业生产基本用能。

第八十二条　［农村能源消费结构优化］

各级人民政府及有关部门应当发挥农村资源优势，因地制宜推广利用小水电、生物质能、风能、太阳能等新能源和可再生能源，逐步提高农村电气化水平，增加农村使用优质、清洁能源的比重。

第八十三条　［边远农村电力扶持］

国家对少数民族地区、边远地区和贫困地区农村电力建设予以重点扶持。电力供应企业应当采取措施提高农村电网覆盖率。

对电网延伸供电不经济的地区，国家鼓励和扶持建设离网发电等分布式能源站及配套供电系统。

第八十四条　[农村生物质能源发展]

国家鼓励在保护生态环境的前提下，合理利用荒山荒丘、滩涂、盐碱地等不宜种植粮食作物的土地种植能源作物，禁止占用基本农田发展生物质能源产业。

第八十五条　[农村节能]

各级人民政府应当提供资金、技术和服务，提高农村能源生产和生活用能效率，节约使用能源。

第八十六条　[农村能源技术推广与服务]

各级人民政府应当将农村能源技术推广纳入农业技术推广体系，建立农村能源技术服务网络，加强农村能源技术指导和培训等公益性服务。

第十章　能源价格与财税

第八十七条　[价格形成机制]

国家按照有利于反映能源市场供求关系、资源稀缺程度、环境损害成本的原则，建立市场调节与政府调控相结合、以市场调节为主导的能源价格形成机制。

第八十八条　[市场调节价]

具备市场竞争条件的能源产品和服务价格，实行市场调节价。

第八十九条　[自然垄断环节及重要能源价格]

自然垄断经营的能源输送管网的输送价格及关系公共利益的重要能源产品和服务价格，实行政府定价或者政府指导价，并逐步推行有利于降低成本、提高效率、节约资源和减少环境损害的价格管制制度。

第九十条　[价格激励与约束政策]

国家鼓励发展的风能、太阳能、生物质能等可再生能源和新能源，依法实行激励型的价格政策。

对国家限制发展的高耗能、高污染的企业、产品和服务，依法实行约束型的能源价格政策。

第九十一条　［能源财税政策基本原则］

国家根据实施国家能源战略和规划的需要，按照公共财政的要求和财力状况，综合运用财税激励与约束政策促进能源合理开发利用。

第九十二条　［能源支出预算］

国家建立中央财政和省级地方财政能源支出预算制度。具备条件的省级以下地方财政可以建立能源支出预算制度，因地制宜地安排本地能源支出预算资金。

第九十三条　［能源发展专项资金］

国家根据能源战略、能源规划的要求和能源发展的需要，设立节能、新能源与可再生能源、农村能源等能源发展专项资金。具体办法由国务院财政主管部门会同能源等有关部门制定。

第九十四条　［能源领域政府投资］

能源领域的政府投资用于下列事项：

（一）保护和改善能源矿区生态环境；

（二）农村和边远地区能源事业发展；

（三）能源科技研究与开发和高新技术产业化；

（四）节能与新能源和可再生能源发展；

（五）替代能源的开发和利用；

（六）法律规定或者国务院规定的其他事项。

第九十五条　［节能政府采购］

国家实行有利于节约能源的政府采购政策。

依照政府采购相关法律法规，采购人使用财政性资金进行政府采购的，应当优先采购新能源和可再生能源以及节能的产品和服务。

第九十六条　［能源税收激励］

国家运用税收政策鼓励新能源和可再生能源的开发利用，支持能源清洁利用和发展替代能源，支持节能产品和节能设备的生产应用和技术推广，鼓励进口优质能源产品和能源开发利用必需的先进设备和技术。

第九十七条　［能源税收限制］

国家对限制出口和生产的能源产品、高耗能产品和能源技术，依法实行有关税收限制政策。

第九十八条 [能源资源税费]

国家建立和完善能源资源税费体系，保障国家作为能源资源所有者的应得收益，促进能源资源的合理开发和可持续利用。

能源资源税费收入按照兼顾中央与地方利益的原则合理分配。

第九十九条 [能源消费税]

国家扩大消费税在能源领域的适用范围，合理确定税率，调节和引导能源产品的消费，促进能源节约。

第一百条 [财税政策的适用]

国务院能源主管部门会同财税等有关部门制定国家能源发展鼓励类、限制类和禁止类目录。

国务院财政主管部门对列入前款规定目录的能源项目实行相应的财税优惠或者限制政策。

第十一章 能源科技

第一百零一条 [能源科技发展方针]

国家积极推进能源科技自主创新，依靠科技进步保障国家能源战略的实施。

能源科技发展应当有利于提高能源效率、节约能源、优化能源结构、增强能源供应和安全输送能力、保护环境。

国家采取措施提高能源企业综合技术实力，鼓励能源企业推进能源科技自主创新。

第一百零二条 [能源科技投入]

各级人民政府应当制定和完善激励企业能源科技投入的财税、价格和金融政策。

各级人民政府和企业应当逐步增加能源科技资金投入。国家财政投入主要用于能源领域的基础研究、前沿技术研究、社会公益性技术研究以及关键技术、共性技术等的研究、开发和示范。

第一百零三条 [能源科技发展机制]

国家积极构建政府主导，能源企业为主体，市场为导向，产学研协同合作的能源科技创新体系。

国务院能源主管部门应当会同科技主管部门组织有关部门和企业，建立和完善国家级能源实验室、国家能源工程中心和企业技术中心，依托重大能源工程和能源科研项目，集中开展能源领域的重大科技攻关活动。

第一百零四条　［能源科技重点领域］

国家鼓励和支持能源资源勘探开发技术、能源加工转换和输送技术、能源清洁和综合利用技术、节能减排技术及能源安全生产技术等的创新研究和开发应用。

第一百零五条　［能源科技成果推广应用］

国家采取措施促进能源科技自主创新成果的产业化示范和推广应用，支持能源科技自主创新产品和工艺技术的标准制定。

第一百零六条　［能源科技奖励］

各级人民政府及其有关部门应当对能源领域取得原始创新、集成创新以及引进消化吸收再创新突出成果的单位和科技人员予以表彰和奖励。

第一百零七条　［能源教育与人才培养］

国家将能源教育纳入国民教育体系，鼓励科研机构、教育机构与企业合作培养能源科技人才，支持培养农村实用型能源科技人才。

第一百零八条　［能源科普］

各级人民政府及能源、科技等有关部门，应当积极开展能源科学普及活动，支持社会中介组织和有关单位、个人从事能源科技咨询与服务，提高全民能源科技知识和科学用能水平。

第十二章　能源国际合作

第一百零九条　［国际合作方针与方式］

国家通过缔结国际条约、参加国际组织、协调能源政策、交流能源信息等方式，开展能源资源互利合作。

国家建立和完善内外联动、互利共赢、安全高效的开放型能源体系。

第一百一十条　［境外能源合作］

国家鼓励对外能源投资和合作方式的创新，建立境外能源合作管理与协调机制，由国务院能源主管部门会同有关部门统一协调境外能源合作事务。

国家保护在境外从事能源开发利用活动的中国公民、法人和其他组织的合法权益以及中国公民的人身和财产安全。

国家采取措施有效应对中国公民、法人和其他组织在境外的能源投资项目所遭受的国有化、征收、征用、战争、内乱、政府违约、外汇汇兑限制等政治风险。

第一百一十一条　[境内能源合作]

国家依法保护外国公民、法人和其他组织在中国境内从事能源开发利用活动的合法权益。

外国公民、法人和其他组织在中国境内从事能源开发利用活动，必须遵守中国有关法律、法规。

国务院有关部门应当制定涉及能源发展的外商投资产业指导目录及相关政策。

第一百一十二条　[能源贸易合作]

国家加强能源领域的双边多边贸易合作，采取综合措施防范和应对国际能源市场风险。

国务院对外贸易主管部门、能源主管部门及其他有关部门应当采取措施，促进对外能源产品、技术和服务贸易。

国务院有关部门应当建立和完善境外能源贸易监管机制，对从事境外能源贸易的企业及其交易人员和交易行为实施有效监管。

第一百一十三条　[能源运输合作]

国务院能源主管部门会同有关部门统筹规划跨国能源输送管网、能源运输通道及配套设施的建设，保障涉外能源运输的安全、经济和可靠。

从事前款规定的能源输送管网、能源运输通道及配套设施的投资、开发、建设、经营等活动，必须符合国家能源战略和规划，并接受国务院能源主管部门和有关部门的管理、协调和监督。

第一百一十四条　[能源科技与教育合作]

国家采取措施，促进能源科技、教育与人才培训的国际合作，鼓励与其他国家联合培养国内能源领域急需的专业人才，提高对国外先进能源科技的吸收、转化与自主创新能力。

第一百一十五条 ［能源安全合作］

国家加强与其他国家和相关国际组织沟通、协调与合作，促进能源预测、预警与应急的国际合作，推动全球性或者区域性能源安全协调保障机制的建立和完善。

第十三章 监督检查

第一百一十六条 ［人大监督］

县级以上各级人民代表大会及其常务委员会可以就本法实施中的问题要求本级人民政府进行专项工作报告，提出质询案，组织执法检查和对特定问题进行调查。

第一百一十七条 ［行政监督］

县级以上人民政府应当根据本法和相关能源法律，对下级人民政府以及同级能源主管部门和有关部门履行职责情况进行监督和检查，对能源规划和能源政策的实施情况进行评估考核。

上级能源主管部门应当加强对下级能源主管部门履行职责情况的监督检查，及时纠正违反本法和相关能源法律的行为。

各级能源主管部门应当建立健全内部监督制度，对工作人员行使职权和履行职责的情况进行监督。

第一百一十八条 ［社会监督］

任何单位和个人可以对能源主管部门和有关部门履行职责情况提出意见和建议，能源主管部门和有关部门对重要行政事项或者涉及公共利益的意见和建议应当及时做出回复。

任何单位和个人都有权对违反本法和相关能源法律的行为进行检举、揭发和控告。有关部门收到检举、揭发和控告后，应当及时处理。

第一百一十九条 ［获取文件、资料］

能源主管部门为履行法定职责，有权要求能源企业、用能单位按照规定报送财务报表、统计报表、审计报告等文件、资料。

对于前款规定文件、资料中涉及国家秘密、商业秘密的内容，能源主管部门应当采取必要的保密措施。

第一百二十条　[现场检查]

能源主管部门为履行法定职责，可以进入能源企业和用能单位的生产经营场所实施现场检查，查阅、复制与检查事项有关的文件和资料，对可能被转移、隐匿或者毁损的予以封存。

监督检查人员进行现场检查时，应当出示证件，符合法定程序。被检查单位应当配合检查，如实反映情况，提供必要的文件、资料。监督检查人员应当为被检查单位保守技术秘密和业务秘密。

第一百二十一条　[强制措施]

能源主管部门在监督检查中，发现能源企业、用能单位违法使用国家明令淘汰的产品、技术或者设备的，可以予以查封、扣押。发现能源企业、用能单位有转移、隐匿资金或者销毁财物嫌疑的，可以申请人民法院予以冻结。

第一百二十二条　[高耗能企业信息强制公开]

能源主管部门应当按照有关能源政策和技术经济标准，公布重点高耗能企业名单，要求其报告用能情况并向社会公布。法律另有规定的除外。

第一百二十三条　[重点能源企业的监管]

在关系国家安全和国民经济命脉的能源领域从事能源开发利用活动的企业，应当承担相应的社会公共责任，不得滥用垄断或者支配地位损害国家和公共利益。

国务院能源主管部门及有关部门对前款涉及企业的经营活动依法实施监管和调控。

第十四章　法律责任

第一百二十四条　[政府责任：行政责任]

能源管理有关行政机关及其工作人员违反本法规定，有下列情形之一的，由其上级行政机关或者监察机关责令改正；情节严重的，对直接负责的主管人员和其他责任人员依法给予处分：

（一）不依法编制、评估和实施能源战略和能源规划的；

（二）不依法发布能源统计信息的；

（三）对不符合法定条件的能源项目予以准入的；

（四）不履行能源储备管理职责的；

（五）不制定能源应急预案的；

（六）未建立节能工作责任制的；

（七）不依法履行能源监督检查职责的；

（八）不履行法律规定的其他义务的。

第一百二十五条　［政府工作人员责任：刑事责任］

行政机关工作人员在履行能源管理职责过程中，滥用职权、玩忽职守、徇私舞弊，构成犯罪的，依法追究刑事责任。

第一百二十六条　［政府责任：国家赔偿与补偿责任］

国家机关和国家机关工作人员履行能源管理职责过程中，违法行使职权，侵犯公民、法人和其他组织的合法权益，造成损害的，应当依法承担国家赔偿责任。

能源管理机关履行职责过程中，为了公共利益的需要，征收、征用和处置单位、个人的不动产或者动产，或者撤回、变更已经依法授予的行政许可的，应当依法给予补偿。

第一百二十七条　［特殊能源企业责任：管网开放义务保障］

经营能源输送管网设施的企业违反法律规定，不履行公平开放管网义务的，由能源主管部门责令改正，并按日处当事人经济损失额二倍以上五倍以下罚款；构成犯罪的，依法追究刑事责任。

第一百二十八条　［特殊能源企业责任：普遍服务义务履行］

承担能源普遍服务义务的企业未经批准，擅自停业、歇业或者停止按法定条件履行普遍服务义务的，由能源主管部门责令改正，并处其相应营业额二倍以上五倍以下罚款；构成犯罪的，依法追究刑事责任。

第一百二十九条　［特殊能源企业责任：违法重组并购处罚］

在关系国家安全和国民经济命脉的能源领域从事能源开发利用活动的企业，违反本法规定实施重组或者资产并购的，由国务院能源主管部门责令改正，并可以处五百万元以下罚款。

第一百三十条　［一般能源企业责任：报告义务］

能源企业不按照规定提供报表、报告等文件、资料的，由国务院能源主管部门责令改正，逾期不改正的，处十万元以上二十万元以下罚款。

第一百三十一条　［一般能源企业责任：执法配合程序义务］

能源企业有下列情形之一的，由能源主管部门或者其他相关行政机关责令改正，并处十万元以上五十万元以下罚款；情节特别严重或者逾期不改正的，可以责令停业整顿或者吊销其生产、经营许可证；构成犯罪的，依法追究刑事责任：

（一）妨碍或者不配合行政机关履行监督检查法定职责的；

（二）妨碍或者不配合行政机关所采取的应急措施的；

（三）提供虚假的或者隐瞒重要事实的报表、报告等文件、资料的；

（四）未按照规定进行信息披露的；

（五）违反法律、行政法规规定的其他义务的。

第一百三十二条　［一般能源企业责任：实体义务］

企业有下列情形之一的，由能源主管部门责令改正，没收违法所得，并处违法所得一倍以上五倍以下罚款；没有违法所得或者违法所得不足五十万元的，处五十万元以上二百万元以下罚款；情节严重的，可以责令停业整顿或者吊销其生产、经营许可证；构成犯罪的，依法追究刑事责任：

（一）破坏性开采能源资源的；

（二）违法处理核废物的；

（三）未经批准擅自从事能源开发、加工转换及供应与服务活动的；

（四）违反法律规定进出口能源产品、技术或者设备的；

（五）非法占用基本农田发展生物质能源产业的；

（六）不依法履行能源储备与应急义务的；

（七）破坏能源市场竞争秩序的；

（八）违反法律、法规规定的其他义务的。

第一百三十三条　［能源用户责任：重点用能单位责任］

重点用能单位未能实现节能目标的，由能源主管部门责令改正；情节严重或者逾期不改正的，可以强制减少用能指标，强制实行能源审计或者责令停业整顿。

第一百三十四条　［能源用户责任：强制公开义务履行］

高耗能企业违反本法规定，不如实向能源主管部门报告用能情况并向社会公布的，由能源主管部门责令改正，并处一万元以上五万元以下的罚款。

第一百三十五条 ［社会主体责任：非法行为处罚］

单位和个人有下列行为之一的，相关行政机关应当采取措施予以制止、取缔，没收违法所得，并处违法所得一倍以上五倍以下罚款；没有违法所得或者违法所得不足十万元的，处十万元以上三十万元以下的罚款；违反治安管理的，依法给予治安管理处罚；构成犯罪的，依法追究刑事责任：

（一）盗窃、抢劫、破坏、非法占用能源资源、产品或者能源基础设施的；

（二）生产、销售、使用国家明令淘汰的耗能产品和技术的；

（三）破坏或者抢占核电厂址的；

（四）未按规定事先制定应急预案或者采取预防措施，造成能源安全隐患的；

（五）能源应急期间，不执行能源应急预案及政府下达的应急指令和任务的；

（六）违反法律、法规规定的其他行为。

第一百三十六条 ［民事责任］

单位和个人违反本法规定，给他人合法权益造成损害的，依法承担赔偿责任。

第一百三十七条 ［民事赔偿优先］

单位和个人违反本法规定，应当承担民事赔偿责任和缴纳行政处罚罚款、刑事处罚罚金，其财产不足以同时支付时，首先承担民事赔偿责任。

第一百三十八条 ［行政救济］

当事人认为能源主管部门或者其他行政机关的行政行为违反本法侵犯其合法权益的，可以依法申请行政复议或者直接向人民法院提起行政诉讼。

第十五章　附则

第一百三十九条　［术语的法律解释］

本法中下列用语的含义是：

（一）石油，是指原油和成品油的统称。

（二）能源企业，是指以能源开发、加工转换、仓储、输送、配售、贸易和服务等为主营业务的企业。

（三）新能源，是指在新技术基础上开发利用的非常规能源，包括风能、太阳能、海洋能、地热能、生物质能、氢能、核聚变能、天然气水合物等。

（四）可再生能源，是指风能、太阳能、水能、生物质能、地热能、海洋能等连续、可再生的非化石能源。

（五）清洁能源，是指环境污染物和二氧化碳等温室气体零排放或者低排放的一次能源，主要包括天然气、核电、水电及其他新能源和可再生能源等。

（六）低碳能源，是指二氧化碳等温室气体排放量低或者零排放的能源产品，主要包括核能和可再生能源等。

（七）高碳能源，是指二氧化碳等温室气体排放量高的能源产品，主要是煤炭、石油等化石能源。

（八）天然铀产品，是指用于加工生产核燃料的基本原料，包括转化铀和低浓铀。

（九）核燃料闭合循环，是指核反应堆产生的乏燃料不作为废物直接处置，而进行后处理回收利用的工艺。

（十）能源基础设施，是指保障能源基础公共服务的设施，包括输配电网络、石油天然气输送管网、能源储备设施、能源专用码头、液化天然气接收站、铁路专用线等能源设施。

（十一）自愿节能协议，是指行业协会或者企业通过与政府自愿签订协议，做出节能减排目标的承诺，履行承诺后政府予以相应政策支持的一种节能机制。

（十二）能源审计，是指由具备资质的能源审计机构依照法律法规和有关标准，对用能单位能源利用活动的合理性和有效性进行定量分析和评价。

（十三）合同能源管理，是指从事节能服务的单位通过与用户签订合同，为用户的节能项目进行投资或者融资，向用户提供能源效率分析、项目设计、采购、施工等服务，并分享项目节能效益的一种节能机制。

（十四）能源需求侧管理，是指政府或者公用事业单位通过采取激励措施，引导能源用户改变用能方式，提高终端能源利用效率，实现能源服务成本最小化的用能管理活动。

（十五）农村能源，是指用于农业生产、农村工商业经营和农村居民生活的能源。

第一百四十条　［法律生效时间］

本法自 2007 年 12 月 4 日起施行。

《核电厂核事故应急管理条例》

（国务院　1993 年 8 月 4 日颁布　国务院令第 124 号）

第一章　总则

第一条　为了加强核电厂核事故应急管理工作，控制和减少核事故危害，制定本条例。

第二条　本条例适用于可能或者已经引起放射性物质释放、造成重大辐射后果的核电厂核事故（以下简称核事故）应急管理工作。

第三条　核事故应急管理工作实行常备不懈，积极兼容，统一指挥，大力协同，保护公众，保护环境的方针。

第二章　应急机构及其职责

第四条　全国的核事故应急管理工作由国务院指定的部门负责，其主要职责是：

（一）拟定国家核事故应急工作政策；

（二）统一协调国务院有关部门、军队和地方人民政府的核事故应急工作；

（三）组织制定和实施国家核事故应急计划，审查批准场外核事故应急计划；

（四）适时批准进入和终止场外应急状态；

（五）提出实施核事故应急响应行动的建议；

（六）审查批准核事故公报、国际通报，提出请求国际援助的方案。

必要时，由国务院领导、组织、协调全国的核事故应急管理工作。

第五条　核电厂所在地的省、自治区、直辖市人民政府指定的部门负责本行政区域内的核事故应急管理工作，其主要职责是：

（一）执行国家核事故应急工作的法规和政策；

（二）组织制定场外核事故应急计划，做好核事故应急准备工作；

（三）统一指挥场外核事故应急响应行动；

（四）组织支援核事故应急响应行动；

（五）及时向相邻的省、自治区、直辖市通报核事故情况。

必要时，由省、自治区、直辖市人民政府领导、组织、协调本行政区域内的核事故应急管理工作。

第六条　核电厂的核事故应急机构的主要职责是：

（一）执行国家核事故应急工作的法规和政策；

（二）制定场内核事故应急计划，做好核事故应急准备工作；

（三）确定核事故应急状态等级，统一指挥本单位的核事故应急响应行动；

（四）及时向上级主管部门、国务院核安全部门和省级人民政府指定的部门报告事故情况，提出进入场外应急状态和采取应急防护措施的建议；

（五）协助和配合省级人民政府指定的部门做好核事故应急管理工作。

第七条　核电厂的上级主管部门领导核电厂的核事故应急工作。

国务院核安全部门、环境保护部门和卫生部门等有关部门在各自的职责范围内做好相应的核事故应急工作。

第八条　中国人民解放军作为核事故应急工作的重要力量，应当在核事故应急响应中实施有效的支援。

第三章　应急准备

第九条　针对核电厂可能发生的核事故，核电厂的核事故应急机构、省级人民政府指定的部门和国务院指定的部门应当预先制定核事故应急计划。

核事故应急计划包括场内核事故应急计划、场外核事故应急计划和国家核事故应急计划。各级核事故应急计划应当相互衔接、协调一致。

第十条　场内核事故应急计划由核电厂核事故应急机构制定，经其主管部门审查后，送国务院核安全部门审评并报国务院指定的部门备案。

第十一条　场外核事故应急计划由核电厂所在地的省级人民政府指定的部门组织制定，报国务院指定的部门审查批准。

第十二条　国家核事故应急计划由国务院指定的部门组织制定。

国务院有关部门和中国人民解放军总部应当根据国家核事故应急计划，制定相应的核事故应急方案，报国务院指定的部门备案。

第十三条　场内核事故应急计划、场外核事故应急计划应当包括下列内容：

（一）核事故应急工作的基本任务；

（二）核事故应急响应组织及其职责；

（三）烟羽应急计划区和食入应急计划区的范围；

（四）干预水平和导出干预水平；

（五）核事故应急准备和应急响应的详细方案；

（六）应急设施、设备、器材和其他物资；

（七）核电厂核事故应急机构同省级人民政府指定的部门之间以及同其他有关方面相互配合、支援的事项及措施。

第十四条　有关部门在进行核电厂选址和设计工作时，应当考虑核事故应急工作的要求。

新建的核电厂必须在其场内和场外核事故应急计划审查批准后，方可装料。

第十五条　国务院指定的部门、省级人民政府指定的部门和核电厂的核事故应急机构应当具有必要的应急设施、设备和相互之间快速可靠的通信联络系统。

核电厂的核事故应急机构和省级人民政府指定的部门应当具有辐射监测系统、防护器材、药械和其他物资。

用于核事故应急工作的设施、设备和通信联络系统、辐射监测系统以及防护器材、药械等，应当处于良好状态。

第十六条　核电厂应当对职工进行核安全、辐射防护和核事故应急知识的专门教育。

省级人民政府指定的部门应当在核电厂的协助下对附近的公众进行核安全、辐射防护和核事故应急知识的普及教育。

第十七条 核电厂的核事故应急机构和省级人民政府指定的部门应当对核事故应急工作人员进行培训。

第十八条 核电厂的核事故应急机构和省级人民政府指定的部门应当适时组织不同专业和不同规模的核事故应急演习。

在核电厂首次装料前，核电厂的核事故应急机构和省级人民政府指定的部门应当组织场内、场外核事故应急演习。

第四章 应急对策和应急防护措施

第十九条 核事故应急状态分为下列四级：

（一）应急待命。出现可能导致危及核电厂核安全的某些特定情况或者外部事件，核电厂有关人员进入戒备状态。

（二）厂房应急。事故后果仅限于核电厂的局部区域，核电厂人员按照场内核事故应急计划的要求采取核事故应急响应行动，通知厂外有关核事故应急响应组织。

（三）场区应急。事故后果蔓延至整个场区，场区内的人员采取核事故应急响应行动，通知省级人民政府指定的部门，某些厂外核事故应急响应组织可能采取核事故应急响应行动。

（四）场外应急。事故后果超越场区边界，实施场内和场外核事故应急计划。

第二十条 当核电厂进入应急待命状态时，核电厂核事故应急机构应当及时向核电厂的上级主管部门和国务院核安全部门报告情况，并视情况决定是否向省级人民政府指定的部门报告。当出现可能或者已经有放射性物质释放的情况时，应当根据情况，及时决定进入厂房应急或者场区应急状态，并迅速向核电厂的上级主管部门、国务院核安全部门和省级人民政府指定的部门报告情况；在放射性物质可能或者已经扩散到核电厂场区以外时，应当迅速向省级人民政府指定的部门提出进入场外应急状态并采取应急防护措施的建议。

省级人民政府指定的部门接到核电厂核事故应急机构的事故情况报告后，应当迅速采取相应的核事故应急对策和应急防护措施，并及时向国务院指定的部门报告情况。需要决定进入场外应急状态时，应当经国务院指定的部门批准；在特殊情况下，省级人民政府指定的部门可以先行决定进入场外应急状态，但是应当立即向国务院指定的部门报告。

第二十一条　核电厂的核事故应急机构和省级人民政府指定的部门应当做好核事故后果预测与评价以及环境放射性监测等工作，为采取核事故应急对策和应急防护措施提供依据。

第二十二条　省级人民政府指定的部门应当适时选用隐蔽、服用稳定性碘制剂、控制通道、控制食物和水源、撤离、迁移、对受影响的区域去污等应急防护措施。

第二十三条　省级人民政府指定的部门在核事故应急响应过程中应当将必要的信息及时地告知当地公众。

第二十四条　在核事故现场，各核事故应急响应组织应当实行有效的剂量监督。

现场核事故应急响应人员和其他人员都应当在辐射防护人员的监督和指导下活动，尽量防止接受过大剂量的照射。

第二十五条　核电厂的核事故应急机构和省级人民政府指定的部门应当做好核事故现场接受照射人员的救护、洗消、转运和医学处置工作。

第二十六条　在核事故应急进入场外应急状态时，国务院指定的部门应当及时派出人员赶赴现场，指导核事故应急响应行动，必要时提出派出救援力量的建议。

第二十七条　因核事故应急响应需要，可以实行地区封锁。省、自治区、直辖市行政区域内的地区封锁，由省、自治区、直辖市人民政府决定；跨省、自治区、直辖市的地区封锁，以及导致中断干线交通或者封锁国境的地区封锁，由国务院决定。

地区封锁的解除，由原决定机关宣布。

第二十八条　有关核事故的新闻由国务院授权的单位统一发布。

第五章　应急状态的终止和恢复措施

第二十九条　场外应急状态的终止由省级人民政府指定的部门会同核电厂核事故应急机构提出建议，报国务院指定的部门批准，由省级人民政府指定的部门发布。

第三十条　省级人民政府指定的部门应当根据受影响地区的放射性水平，采取有效的恢复措施。

第三十一条　核事故应急状态终止后，核电厂核事故应急机构应当向国务院指定的部门、核电厂的上级主管部门、国务院核安全部门和省级人民政府指定的部门提交详细的事故报告；省级人民政府指定的部门应当向国务院指定的部门提交场外核事故应急工作的总结报告。

第三十二条　核事故使核安全重要物项的安全性能达不到国家标准时，核电厂的重新起动计划应当按照国家有关规定审查批准。

第六章　资金和物资保障

第三十三条　国务院有关部门、军队、地方各级人民政府和核电厂在核事故应急准备工作中应当充分利用现有组织机构、人员、设施和设备等，努力提高核事故应急准备资金和物资的使用效益，并使核事故应急准备工作与地方和核电厂的发展规划相结合。各有关单位应当提供支援。

第三十四条　场内核事故应急准备资金由核电厂承担，列入核电厂工程项目投资概算和运行成本。

场外核事故应急准备资金由核电厂和地方人民政府共同承担，资金数额由国务院指定的部门会同有关部门审定。核电厂承担的资金，在投产前根据核电厂容量、在投产后根据实际发电量确定一定的比例交纳，由国务院计划部门综合平衡后用于地方场外核事故应急准备工作；其余部分由地方人民政府解决。具体办法由国务院指定的部门会同国务院计划部门和国务院财政部门规定。

国务院有关部门和军队所需的核事故应急准备资金，根据各自在核事故应急工作中的职责和任务，充分利用现有条件进行安排，不足部分按照各自的计划和资金渠道上报。

第三十五条　国家的和地方的物资供应部门及其他有关部门应当保证供给核事故应急所需的设备、器材和其他物资。

第三十六条　因核电厂核事故应急响应需要，执行核事故应急响应行动的行政机关有权征用非用于核事故应急响应的设备、器材和其他物资。

对征用的设备、器材和其他物资，应当予以登记并在使用后及时归还；造成损坏的，由征用单位补偿。

第七章　奖励与处罚

第三十七条　在核事故应急工作中有下列事迹之一的单位和个人，由主管部门或者所在单位给予表彰或者奖励：

（一）完成核事故应急响应任务的；

（二）保护公众安全和国家的、集体的和公民的财产，成绩显著的；

（三）对核事故应急准备与响应提出重大建议，实施效果显著的；

（四）辐射、气象预报和测报准确及时，从而减轻损失的；

（五）有其他特殊贡献的。

第三十八条　有下列行为之一的，对有关责任人员视情节和危害后果，由其所在单位或者上级机关给予行政处分；属于违反治安管理行为的，由公安机关依照治安管理处罚条例的规定予以处罚；构成犯罪的，由司法机关依法追究刑事责任：

（一）不按照规定制定核事故应急计划，拒绝承担核事故应急准备义务的；

（二）玩忽职守，引起核事故发生的；

（三）不按照规定报告、通报核事故真实情况的；

（四）拒不执行核事故应急计划，不服从命令和指挥，或者在核事故应急响应时临阵脱逃的；

（五）盗窃、挪用、贪污核事故应急工作所用资金或者物资的；

（六）阻碍核事故应急工作人员依法执行职务或者进行破坏活动的；

（七）散布谣言，扰乱社会秩序的；

（八）有其他对核事故应急工作造成危害的行为的。

第八章　附则

第三十九条　本条例中下列用语的含义：

（一）核事故应急，是指为了控制或者缓解核事故、减轻核事故后果而采取的不同于正常秩序和正常工作程序的紧急行动。

（二）场区，是指由核电厂管理的区域。

（三）应急计划区，是指在核电厂周围建立的，制定有核事故应急计划、并预计采取核事故应急对策和应急防护措施的区域。

（四）烟羽应急计划区，是指针对放射性烟云引起的照射而建立的应急计划区。

（五）食入应急计划区，是指针对食入放射性污染的水或者食物引起照射而建立的应急计划区。

（六）干预水平，是指预先规定的用于在异常状态下确定需要对公众采取应急防护措施的剂量水平。

（七）导出干预水平，是指由干预水平推导得出的放射性物质在环境介质中的浓度或者水平。

（八）应急防护措施，是指在核事故情况下用于控制工作人员和公众所接受的剂量而采取的保护措施。

（九）核安全重要物项，是指对核电厂安全有重要意义的建筑物、构筑物、系统、部件和设施等。

第四十条　除核电厂外，其他核设施的核事故应急管理，可以根据具体情况，参照本条例的有关规定执行。

第四十一条　对可能或者已经造成放射性物质释放超越国界的核事故应急，除执行本条例的规定外，并应当执行中华人民共和国缔结或者参加的国际条约的规定，但是中华人民共和国声明保留的条款除外。

第四十二条　本条例自发布之日起施行。

《中华人民共和国节约能源法》

（全国人民代表大会常务委员会

1997 年 11 月 1 日颁布

中华人民共和国主席令第 90 号）

第一章　总则

第一条　为了推进全社会节约能源，提高能源利用效率和经济效益，保护环境，保障国民经济和社会的发展，满足人民生活需要，制定本法。

第二条　本法所称能源，是指煤炭、原油、天然气、电力、焦炭、煤气、热力、成品油、液化石油气、生物质能和其他直接或者通过加工、转换而取得有用能的各种资源。

第三条　本法所称节能，是指加强用能管理，采取技术上可行、经济上合理以及环境和社会可以承受的措施，减少从能源生产到消费各个环节中的损失和浪费，更加有效、合理地利用能源。

第四条　节能是国家发展经济的一项长远战略方针。

国务院和省、自治区、直辖市人民政府应当加强节能工作，合理调整产业结构、企业结构、产品结构和能源消费结构，推进节能技术进步，降低单位产值能耗和单位产品能耗，改善能源的开发、加工转换、输送和供应，逐步提高能源利用效率，促进国民经济向节能型发展。

国家鼓励开发、利用新能源和可再生能源。

第五条　国家制定节能政策，编制节能计划，并纳入国民经济和社会发展计划，保障能源的合理利用，并与经济发展、环境保护相协调。

第六条　国家鼓励、支持节能科学技术的研究和推广，加强节能宣传和教育，普及节能科学知识，增强全民的节能意识。

第七条　任何单位和个人都应当履行节能义务，有权检举浪费能源的行为。

各级人民政府对在节能或者节能科学技术研究、推广中有显著成绩的单位和个人给予奖励。

第八条　国务院管理节能工作的部门主管全国的节能监督管理工作。国务院有关部门在各自的职责范围内负责节能监督管理工作。

县级以上地方人民政府管理节能工作的部门主管本行政区域内的节能监督管理工作。县级以上地方人民政府有关部门在各自的职责范围内负责节能监督管理工作。

第二章　节能管理

第九条　国务院和地方各级人民政府应当加强对节能工作的领导，每年部署、协调、监督、检查、推动节能工作。

第十条　国务院和省、自治区、直辖市人民政府应当根据能源节约与能源开发并举，把能源节约放在首位的方针，在对能源节约与能源开发进行技术、经济和环境比较论证的基础上，择优选定能源节约、能源开发投资项目，制定能源投资计划。

第十一条　国务院和省、自治区、直辖市人民政府应当在基本建设、技术改造资金中安排节能资金，用于支持能源的合理利用以及新能源和可再生能源的开发。

市、县人民政府根据实际情况安排节能资金，用于支持能源的合理利用以及新能源和可再生能源的开发。

第十二条　固定资产投资工程项目的可行性研究报告，应当包括合理用能的专题论证。

固定资产投资工程项目的设计和建设，应当遵守合理用能标准和节能设计规范。

达不到合理用能标准和节能设计规范要求的项目，依法审批的机关不得批准建设；项目建成后，达不到合理用能标准和节能设计规范要求的，不予验收。

第十三条　禁止新建技术落后、耗能过高、严重浪费能源的工业项目。禁止新建的耗能过高的工业项目的名录和具体实施办法，由国务院管理节能工作的部门会同国务院有关部门制定。

第十四条　国务院标准化行政主管部门制定有关节能的国家标准。

对没有前款规定的国家标准的，国务院有关部门可以依法制定有关节能的行业标准，并报国务院标准化行政主管部门备案。

制定有关节能的标准应当做到技术上先进，经济上合理，并不断加以完善和改进。

第十五条　国务院管理节能工作的部门应当会同国务院有关部门对生产量大面广的用能产品的行业加强监督，督促其采取节能措施，努力提高产品的设计和制造技术，逐步降低本行业的单位产品能耗。

第十六条　省级以上人民政府管理节能工作的部门，应当会同同级有关部门，对生产过程中耗能较高的产品制定单位产品能耗限额。

制定单位产品能耗限额应当科学、合理。

第十七条　国家对落后的耗能过高的用能产品、设备实行淘汰制度。

淘汰的耗能过高的用能产品、设备的名录由国务院管理节能工作的部门会同国务院有关部门确定并公布。具体实施办法由国务院管理节能工作的部门会同国务院有关部门制定。

第十八条　企业可以根据自愿原则，按照国家有关产品质量认证的规定，向国务院产品质量监督管理部门或者国务院产品质量监督管理部门授权的部门认可的认证机构提出用能产品节能质量认证申请；经认证合格后，取得节能质量认证证书，在用能产品或者其包装上使用节能质量认证标志。

第十九条　县级以上各级人民政府统计机构应当会同同级有关部门，做好能源消费和利用状况的统计工作，并定期发布公报，公布主要耗能产品的单位产品能耗等状况。

第二十条　国家对重点用能单位要加强节能管理。

下列用能单位为重点用能单位：

（一）年综合能源消费总量 1 万吨标准煤以上的用能单位；

（二）国务院有关部门或者省、自治区、直辖市人民政府管理节能工作的部门指定的年综合能源消费总量 5 千吨以上不满 1 万吨标准煤的用能单位。

县级以上各级人民政府管理节能工作的部门应当组织有关部门对重点用能单位的能源利用状况进行监督检查，可以委托具有检验测试技术条件的单位依法进行节能的检验测试。

重点用能单位的节能要求、节能措施和管理办法，由国务院管理节能工作的部门会同国务院有关部门制定。

第三章　合理使用能源

第二十一条　用能单位应当按照合理用能的原则，加强节能管理，制定并组织实施本单位的节能技术措施，降低能耗。

用能单位应当开展节能教育，组织有关人员参加节能培训。

未经节能教育、培训的人员，不得在耗能设备操作岗位上工作。

第二十二条　用能单位应当加强能源计量管理，健全能源消费统计和能源利用状况分析制度。

第二十三条　用能单位应当建立节能工作责任制，对节能工作取得成绩的集体、个人给予奖励。

第二十四条　生产耗能较高的产品的单位，应当遵守依法制定的单位产品能耗限额。

超过单位产品能耗限额用能，情节严重的，限期治理。限期治理由县级以上人民政府管理节能工作的部门按照国务院规定的权限决定。

第二十五条　生产、销售用能产品和使用用能设备的单位和个人，必须在国务院管理节能工作的部门会同国务院有关部门规定的期限内，停止生产、销售国家明令淘汰的用能产品，停止使用国家明令淘汰的用能设备，并不得将淘汰的设备转让给他人使用。

第二十六条　生产用能产品的单位和个人，应当在产品说明书和产品标识上如实注明能耗指标。

第二十七条　生产用能产品的单位和个人，不得使用伪造的节能质量认证标志或者冒用节能质量认证标志。

第二十八条　重点用能单位应当按照国家有关规定定期报送能源利用状况报告。能源利用状况包括能源消费情况、用能效率和节能效益分析、节能措施等内容。

第二十九条　重点用能单位应当设立能源管理岗位，在具有节能专业知识、实际经验以及工程师以上技术职称的人员中聘任能源管理人员，并向县级以上人民政府管理节能工作的部门和有关部门备案。

能源管理人员负责对本单位的能源利用状况进行监督、检查。

第三十条　单位职工和其他城乡居民使用企业生产的电、煤气、天然气、煤等能源应当按照国家规定计量和交费，不得无偿使用或者实行包费制。

第三十一条　能源生产经营单位应当依照法律、法规的规定和合同的约定向用能单位提供能源。

第四章　节能技术进步

第三十二条　国家鼓励、支持开发先进节能技术，确定开发先进节能技术的重点和方向，建立和完善节能技术服务体系，培育和规范节能技术市场。

第三十三条　国家组织实施重大节能科研项目、节能示范工程，提出节能推广项目，引导企业事业单位和个人采用先进的节能工艺、技术、设备和材料。

国家制定优惠政策，对节能示范工程和节能推广项目给予支持。

第三十四条　国家鼓励引进境外先进的节能技术和设备，禁止引进境外落后的用能技术、设备和材料。

第三十五条　在国务院和省、自治区、直辖市人民政府安排的科学研究资金中应当安排节能资金，用于先进节能技术研究。

第三十六条　县级以上各级人民政府应当组织有关部门根据国家产业政策和节能技术政策，推动符合节能要求的科学、合理的专业化生产。

第三十七条　建筑物的设计和建造应当依照有关法律、行政法规的规定，采用节能型的建筑结构、材料、器具和产品，提高保温隔热性能，减少采暖、制冷、照明的能耗。

第三十八条　各级人民政府应当按照因地制宜、多能互补、综合利用、讲求效益的方针，加强农村能源建设，开发、利用沼气、太阳能、风能、水能、地热等可再生能源和新能源。

第三十九条　国家鼓励发展下列通用节能技术：

（一）推广热电联产、集中供热，提高热电机组的利用率，发展热能梯级利用技术，热、电、冷联产技术和热、电、煤气三联供技术，提高热能综合利用率；

（二）逐步实现电动机、风机、泵类设备和系统的经济运行，发展电机调速节电和电力电子节电技术，开发、生产、推广质优、价廉的节能器材，提高电能利用效率；

（三）发展和推广适合国内煤种的流化床燃烧、无烟燃烧和气化、液化等洁净煤技术，提高煤炭利用效率；

（四）发展和推广其他在节能工作中证明技术成熟、效益显著的通用节能技术。

第四十条　各行业应当制定行业节能技术政策，发展、推广节能新技术、新工艺、新设备和新材料，限制或者淘汰能耗高的老旧技术、工艺、设备和材料。

第四十一条　国务院管理节能工作的部门应当会同国务院有关部门规定通用的和分行业的具体的节能技术指标、要求和措施，并根据经济和节能技术的发展情况适时修订，提高能源利用效率，降低能源消耗，使我国能源利用状况逐步赶上国际先进水平。

第五章　法律责任

第四十二条　违反本法第十三条规定，新建国家明令禁止新建的高耗能工业项目的，由县级以上人民政府管理节能工作的部门提出意见，报请同级人民政府按照国务院规定的权限责令停止投入生产或者停止使用。

第四十三条　生产耗能较高的产品的单位，违反本法第二十四条规定，超过单位产品能耗限额用能，情节严重，经限期治理逾期不治理或者没有达到治理要求的，可以由县级以上人民政府管理节能工作的部门提出意见，报请同级民政府按照国务院规定的权限责令停业整顿或者关闭。

第四十四条　违反本法第二十五条规定，生产、销售国家明令淘汰的用能产品的，由县级以上人民政府管理产品质量监督工作的部门责令停止生产、销售国家明令淘汰的用能产品，没收违法生产、销售的国家明令淘汰的用能产品和违法所得，并处违法所得一倍以上五倍以下的罚款；可以由县级以上人民政府工商行政管理部门吊销营业执照。

第四十五条　违反本法第二十五条规定，使用国家明令淘汰的用能设备的，由县级以上人民政府管理节能工作的部门责令停止使用，没收国家明令淘汰的用能设备；情节严重的，县级以上人民政府管理节能工作的部门可以提出意见，报请同级人民政府按照国务院规定的权限责令停业整顿或者关闭。

第四十六条　违反本法第二十五条规定，将淘汰的用能设备转让他人使用的，由县级以上人民政府管理产品质量监督工作的部门没收违法所得，并处违法所得一倍以上五倍以下的罚款。

第四十七条　违反本法第二十六条规定，未在产品说明书和产品标识上注明能耗指标的，由县级以上人民政府管理产品质量监督工作的部门责令限期改正，可以处五万元以下的罚款。

违反本法第二十六条规定，在产品说明书和产品标识上注明的能耗指标不符合产品的实际情况的，除依照前款规定处罚外，依照有关法律的规定承担民事责任。

第四十八条　违反本法第二十七条规定，使用伪造的节能质量认证标志或者冒用节能质量认证标志的，由县级以上人民政府管理产品质量监督工作的部门责令公开改正，没收违法所得，可以并处违法所得一倍以上五倍以下的罚款。

第四十九条　国家工作人员在节能工作中滥用职权、玩忽职守、徇私舞弊，构成犯罪的，依法追究刑事责任；尚不构成犯罪的，给予行政处分。

第六章　附则

第五十条　本法自 1998 年 1 月 1 日起施行。

《中华人民共和国可再生能源法》

（全国人民代表大会常务委员会

2005 年 2 月 28 日颁布

中华人民共和国主席令第 33 号）

第一章　总则

第一条　为了促进可再生能源的开发利用，增加能源供应，改善能源结构，保障能源安全，保护环境，实现经济社会的可持续发展，制定本法。

第二条　本法所称可再生能源，是指风能、太阳能、水能、生物质能、地热能、海洋能等非化石能源。

水力发电对本法的适用，由国务院能源主管部门规定，报国务院批准。

通过低效率炉灶直接燃烧方式利用秸秆、薪柴、粪便等，不适用本法。

第三条　本法适用于中华人民共和国领域和管辖的其他海域。

第四条　国家将可再生能源的开发利用列为能源发展的优先领域，通过制定可再生能源开发利用总量目标和采取相应措施，推动可再生能源市场的建立和发展。

国家鼓励各种所有制经济主体参与可再生能源的开发利用，依法保护可再生能源开发利用者的合法权益。

第五条　国务院能源主管部门对全国可再生能源的开发利用实施统一管理。国务院有关部门在各自的职责范围内负责有关的可再生能源开发利用管理工作。

县级以上地方人民政府管理能源工作的部门负责本行政区域内可再生能源开发利用的管理工作。县级以上地方人民政府有关部门在各自的职责范围内负责有关的可再生能源开发利用管理工作。

第二章　资源调查与发展规划

第六条　国务院能源主管部门负责组织和协调全国可再生能源资源的调查，并会同国务院有关部门组织制定资源调查的技术规范。

国务院有关部门在各自的职责范围内负责相关可再生能源资源的调查，调查结果报国务院能源主管部门汇总。

可再生能源资源的调查结果应当公布；但是，国家规定需要保密的内容除外。

第七条　国务院能源主管部门根据全国能源需求与可再生能源资源实际状况，制定全国可再生能源开发利用中长期总量目标，报国务院批准后执行，并予公布。

国务院能源主管部门根据前款规定的总量目标和省、自治区、直辖市经济发展与可再生能源资源实际状况，会同省、自治区、直辖市人民政府确定各行政区域可再生能源开发利用中长期目标，并予公布。

第八条　国务院能源主管部门根据全国可再生能源开发利用中长期总量目标，会同国务院有关部门，编制全国可再生能源开发利用规划，报国务院批准后实施。

省、自治区、直辖市人民政府管理能源工作的部门根据本行政区域可再生能源开发利用中长期目标，会同本级人民政府有关部门编制本行政区域可再生能源开发利用规划，报本级人民政府批准后实施。

经批准的规划应当公布；但是，国家规定需要保密的内容除外。

经批准的规划需要修改的，须经原批准机关批准。

第九条　编制可再生能源开发利用规划，应当征求有关单位、专家和公众的意见，进行科学论证。

第三章　产业指导与技术支持

第十条　国务院能源主管部门根据全国可再生能源开发利用规划，制定、公布可再生能源产业发展指导目录。

第十一条 国务院标准化行政主管部门应当制定、公布国家可再生能源电力的并网技术标准和其他需要在全国范围内统一技术要求的有关可再生能源技术和产品的国家标准。

对前款规定的国家标准中未作规定的技术要求，国务院有关部门可以制定相关的行业标准，并报国务院标准化行政主管部门备案。

第十二条 国家将可再生能源开发利用的科学技术研究和产业化发展列为科技发展与高技术产业发展的优先领域，纳入国家科技发展规划和高技术产业发展规划，并安排资金支持可再生能源开发利用的科学技术研究、应用示范和产业化发展，促进可再生能源开发利用的技术进步，降低可再生能源产品的生产成本，提高产品质量。

国务院教育行政部门应当将可再生能源知识和技术纳入普通教育、职业教育课程。

第四章 推广与应用

第十三条 国家鼓励和支持可再生能源并网发电。

建设可再生能源并网发电项目，应当依照法律和国务院的规定取得行政许可或者报送备案。

建设应当取得行政许可的可再生能源并网发电项目，有多人申请同一项目许可的，应当依法通过招标确定被许可人。

第十四条 电网企业应当与依法取得行政许可或者报送备案的可再生能源发电企业签订并网协议，全额收购其电网覆盖范围内可再生能源并网发电项目的上网电量，并为可再生能源发电提供上网服务。

第十五条 国家扶持在电网未覆盖的地区建设可再生能源独立电力系统，为当地生产和生活提供电力服务。

第十六条 国家鼓励清洁、高效地开发利用生物质燃料，鼓励发展能源作物。

利用生物质资源生产的燃气和热力，符合城市燃气管网、热力管网的入网技术标准的，经营燃气管网、热力管网的企业应当接收其入网。

国家鼓励生产和利用生物液体燃料。石油销售企业应当按照国务院能源主管部门或者省级人民政府的规定，将符合国家标准的生物液体燃料纳入其燃料销售体系。

第十七条　国家鼓励单位和个人安装和使用太阳能热水系统、太阳能供热采暖和制冷系统、太阳能光伏发电系统等太阳能利用系统。

国务院建设行政主管部门会同国务院有关部门制定太阳能利用系统与建筑结合的技术经济政策和技术规范。

房地产开发企业应当根据前款规定的技术规范，在建筑物的设计和施工中，为太阳能利用提供必备条件。

对已建成的建筑物，住户可以在不影响其质量与安全的前提下安装符合技术规范和产品标准的太阳能利用系统；但是，当事人另有约定的除外。

第十八条　国家鼓励和支持农村地区的可再生能源开发利用。

县级以上地方人民政府管理能源工作的部门会同有关部门，根据当地经济社会发展、生态保护和卫生综合治理需要等实际情况，制定农村地区可再生能源发展规划，因地制宜地推广应用沼气等生物质资源转化、户用太阳能、小型风能、小型水能等技术。

县级以上人民政府应当对农村地区的可再生能源利用项目提供财政支持。

第五章　价格管理与费用分摊

第十九条　可再生能源发电项目的上网电价，由国务院价格主管部门根据不同类型可再生能源发电的特点和不同地区的情况，按照有利于促进可再生能源开发利用和经济合理的原则确定，并根据可再生能源开发利用技术的发展适时调整。上网电价应当公布。依照本法第十三条第三款规定实行招标的可再生能源发电项目的上网电价，按照中标确定的价格执行；但是，不得高于依照前款规定确定的同类可再生能源发电项目的上网电价水平。

第二十条　电网企业依照本法第十九条规定确定的上网电价收购可再

生能源电量所发生的费用，高于按照常规能源发电平均上网电价计算所发生费用之间的差额，附加在销售电价中分摊。具体办法由国务院价格主管部门制定。

第二十一条　电网企业为收购可再生能源电量而支付的合理的接网费用以及其他合理的相关费用，可以计入电网企业输电成本，并从销售电价中回收。

第二十二条　国家投资或者补贴建设的公共可再生能源独立电力系统的销售电价，执行同一地区分类销售电价，其合理的运行和管理费用超出销售电价的部分，依照本法第二十条规定的办法分摊。

第二十三条　进入城市管网的可再生能源热力和燃气的价格，按照有利于促进可再生能源开发利用和经济合理的原则，根据价格管理权限确定。

第六章　经济激励与监督措施

第二十四条　国家财政设立可再生能源发展专项资金，用于支持以下活动：

（一）可再生能源开发利用的科学技术研究、标准制定和示范工程；

（二）农村、牧区生活用能的可再生能源利用项目；

（三）偏远地区和海岛可再生能源独立电力系统建设；

（四）可再生能源的资源勘查、评价和相关信息系统建设；

（五）促进可再生能源开发利用设备的本地化生产。

第二十五条　对列入国家可再生能源产业发展指导目录、符合信贷条件的可再生能源开发利用项目，金融机构可以提供有财政贴息的优惠贷款。

第二十六条　国家对列入可再生能源产业发展指导目录的项目给予税收优惠。具体办法由国务院规定。

第二十七条　电力企业应当真实、完整地记载和保存可再生能源发电的有关资料，并接受电力监管机构的检查和监督。

电力监管机构进行检查时，应当依照规定的程序进行，并为被检查单位保守商业秘密和其他秘密。

第七章　法律责任

第二十八条　国务院能源主管部门和县级以上地方人民政府管理能源工作的部门和其他有关部门在可再生能源开发利用监督管理工作中，违反本法规定，有下列行为之一的，由本级人民政府或者上级人民政府有关部门责令改正，对负有责任的主管人员和其他直接责任人员依法给予行政处分；构成犯罪的，依法追究刑事责任：

（一）不依法作出行政许可决定的；

（二）发现违法行为不予查处的；

（三）有不依法履行监督管理职责的其他行为的。

第二十九条　违反本法第十四条规定，电网企业未全额收购可再生能源电量，造成可再生能源发电企业经济损失的，应当承担赔偿责任，并由国家电力监管机构责令限期改正；拒不改正的，处以可再生能源发电企业经济损失额一倍以下的罚款。

第三十条　违反本法第十六条第二款规定，经营燃气管网、热力管网的企业不准许符合入网技术标准的燃气、热力入网，造成燃气、热力生产企业经济损失的，应当承担赔偿责任，并由省级人民政府管理能源工作的部门责令限期改正；拒不改正的，处以燃气、热力生产企业经济损失额一倍以下的罚款。

第三十一条　违反本法第十六条第三款规定，石油销售企业未按照规定将符合国家标准的生物液体燃料纳入其燃料销售体系，造成生物液体燃料生产企业经济损失的，应当承担赔偿责任，并由国务院能源主管部门或者省级人民政府管理能源工作的部门责令限期改正；拒不改正的，处以生物液体燃料生产企业经济损失额一倍以下的罚款。

第八章　附　则

第三十二条　本法中下列用语的含义：

（一）生物质能，是指利用自然界的植物、粪便以及城乡有机废物转化成的能源。

（二）可再生能源独立电力系统，是指不与电网连接的单独运行的可再生能源电力系统。

（三）能源作物，是指经专门种植，用以提供能源原料的草本和木本植物。

（四）生物液体燃料，是指利用生物质资源生产的甲醇、乙醇和生物柴油等液体燃料。

第三十三条　本法自 2006 年 1 月 1 日起施行。

后　记

华北电力大学马克思主义学院2005年获批硕士学位授予点，2006年开始招收硕士研究生，2010年成功申报马克思主义理论一级学科。

思想政治教育是华北电力大学马克思主义学院硕士点建设的特色学科，也是马克思主义学院的优势学科。如何推进思想政治教育学科的特色发展始终是我院重点思考的问题。

我校正在建设多科性、研究型、国际化高水平大学，电力特色鲜明，经常遇到能源的教学、科研等相关问题，我院试图探索将能源与思想政治教育相结合的能源教育领域实现拓展和创新研究，为全方位推进能源教育的进展，华北电力大学马克思主义学院在2015年初专门立项研究“青少年能源教育”，开设了“能源教育”“能源发展与生态文明建设”等研究方向，我院成立了“绿色能源”系列研究小组，以便顺利开展相关工作。

一切先从基础做起，经查阅相关文献资料后发现，我国的基础教育中，没有设置能源教育的专门科目，能源教育仅渗透和散见于《小学自然科学》和中学《物理》《化学》《生物》等少数学科的教学中，学校教育、家庭教育和社会教育中有关能源教育缺乏一本系统的教材或读本。

撰写《青少年能源教育知识读本》目的在于使广大青少年对各类能源有科学认知，认清我国能源形势，培养科学的能源意识，养成科学的能源使用习惯，为我国生态文明建设和可持续发展做一些力所能及的工作。

在本书编写过程中，本编写组查阅了大量资料，请教了能源专业的专家，力求采用通俗易懂的语言来阐释一些深奥的道理，配用了大量图画、图表来辅助诠释，本书编写组对稿件进行了反复修改校对。但是，由于读本更侧重于常识性知识而不是探索创新性知识，在撰写过程中借鉴了学界一些常识性资料。借鉴部分尽可能在文中标注，以尊重前人研究成果，但也可能有疏漏，在此，凡在书中借鉴部分的前人研究成果（无论标注出来还是没有标注出来的），在此一并表示诚挚的谢意。

本书在编著过程中，硕士研究生张娇、饶一鸣做了大量工作，付出了辛勤劳动。本书的插图由华北电力大学科技学院机械工程系产品设计专业的程敏同学和史东安同学绘制。

《青少年能源教育知识读本》的出版得到了中国经济出版社的大力协助，在此谨致谢意！

由于编者水平有限，书中难免存在疏漏和不足，恳请广大读者不吝批评指正。

本书编写者